大学物理教学改革及其创新发展研究

李继武 著

吉林科学技术出版社

图书在版编目（CIP）数据

大学物理教学改革及其创新发展研究 / 李继武著
. -- 长春 : 吉林科学技术出版社, 2022.9
ISBN 978-7-5578-9693-5

Ⅰ. ①大… Ⅱ. ①李… Ⅲ. ①物理学－教学改革－研究－高等学校 Ⅳ. ①O4-42

中国版本图书馆CIP数据核字(2022)第178412号

大学物理教学改革及其创新发展研究

著 李继武
出版人 宛 霞
责任编辑 蒋雪梅
封面设计 优盛文化
制 版 优盛文化
幅面尺寸 170mm × 240mm 1/16
字 数 240千字
页 数 208
印 张 13
印 数 1-2000册
版 次 2022年9月第1版
印 次 2023年1月第1次印刷

出 版 吉林科学技术出版社
发 行 吉林科学技术出版社
地 址 长春市净月区福祉大路5788号
邮 编 130118
发行部电话/传真 0431-81629529 81629530 81629531
81629532 81629533 81629534
储运部电话 0431-86059116
编辑部电话 0431-81629518
印 刷 定州启航印刷有限公司

书 号 ISBN 978-7-5578-9693-5
定 价 90.00元

前　言

随着科技的日新月异和社会的不断进步，新兴行业如雨后春笋般涌现，社会对人才的需求也呈现更加多元化的特点。作为自然科学和工程技术的基础核心课程——大学物理学，其不仅可以向学生展现内容丰富的物理知识，而且可以培养学生科学的思维方法和研究问题的能力。

物理学是利用观察、分析、实验、抽象、假设和建模等研究方法，通过实践的检验而建立起来的一门学科。它是一门理论和实验高度结合的学科，同时也是最能体现科学发展过程、研究方法和思维模式的学科。物理学的这些特性决定了它比其他学科更具有优越的育人功能。但长期以来，由于大学物理的教学理念滞后，教学内容繁多、陈旧，以及教学模式单一等，许多大学生对物理的学习兴趣不高，觉得物理理论枯燥、推导复杂、概念抽象、与实际应用和专业联系不够紧密等，更有甚者认为学习大学物理只是为了通过考试，因此学生的学习变得十分被动。如果要改变以上状况，发挥大学物理在学生后续专业课程学习、在今后工作中的作用，就要变被动为主动，就要对现有的教育观念、教学内容、教学方法和课程的考核方式等进行大胆的改革和创新，以提高学生的学习兴趣，培养学生科学的思维和创新能力、理论联系实际的能力等。

笔者正是在这一现实诉求基础上进行论述的，首先，论述了大学物理教学理论的内容，包括大学物理教学相关理论、物理教学的发展及物理教学的学习心理，并进一步阐述了大学物理的主要教学模式；其次，从改革与创新的角度分析了大学物理教学在新时代的不足之处及改进策略；最后，以大学物理翻转课堂教学模式和大学物理智慧学习系统的构建为例，进一步论述了大学物理在信息时代的新突破，以期推动我国大学物理教学获得进一步发展。本书是河南省2022年度教师教育课程改革研究项目“科学教育专业课程体系的综合改革”（项目编号：2022-JSJYYB-101）的研究成果。鉴于作者水平所限，书中难免存在疏漏之处，期待读者朋友积极提出宝贵意见使该书不断完善。

目　录

第一章　大学物理教学理论概述

第一节　物理教学相关理论

一、物理教学的内涵

教育的本质是传授一种科学的思想体系，培养学生科学的思维能力，使学生学会自己掌握所学学科的规律。物理学是一门自然科学的基础学科，教给学生的是唯物主义的科学知识和科学规律。物理教学综合运用多门学科的知识和方法，以物理教学过程为研究对象，研究物理教学过程中的问题，总结其特点和规律，以期对物理教学实践起指导作用。

要研究物理教学，首先要了解普通教学论。进行因为普通教学论是物理教学的重要基础。以下针对普通教学论简要说明。

随着教学论的不断发展，国内外学者对其有了各种不同的看法，总的来看，大致可分为两类：其一，苏联学者和我国多数学者认为，教学论的研究对象是教学的一般规律；其二，西方教学论研究者认为，教学论的研究对象是各种具体的教学变量和教学要素。例如，唐肯（M. J. Dunkin）和比德（B. J. Biddle）在他们合著的《教学研究》一书中提出，教学论的研究对象是先在变量、过程变量、情境变量和结果变量这几种教学变量。两种观点各存利弊：前一种观点，虽然探索教学规律是教学论研究的主要目的和最基本任务，但并不能由此就将教研任务和教学规律作为研究对象；后一种观点，研究对象虽然具体、清晰，在研究中容易操作，但以简单枚举为主要研究方法，给人雾里看花的感觉，难以真正反映教学论研究的全貌。

总结以上两种观点，我们可以知道，教育领域中教与学的活动是教学论的研究对象，现主要从以下三个方面细化其研究对象。

第一，教学论要研究教与学的关系。教与学的活动不但多，而且由多种教与学的因素构成，如教师与学生、学生与学生、教师与教材、学生与教材等，但人们认为，教学活动中最本质的关系是教与学的关系，是教师与学生在交流活动中进行知识授受的关系。在教学活动中，教师和学生相互依存、相互促进、相互制约，共同构成了教学过程的主要矛盾，并且贯穿教学过程始终。正是这一主要矛盾的运动发展，决定了教学的本质和规律。因此，在教学论研究过程中，教学论的根本问题是教与学本质关系的问题。抓住了教与学的本质，也就掌握了教学论的基本规律。

第二，教学论要研究教与学的条件。所谓教学的条件，主要指教学活动所需的以及对教学的质量、效率、广度和深度会产生直接或间接影响的各种因素。教与学的整个过程都离不开一定教学条件的支持与配合。不同的社会对教育提出了不同的要求。在不同的社会条件下又要求有不同的教学目的、教学内容和教学形式。教学活动的发生总是离不开社会的政治、经济、科技、文化等基本条件的影响。因此，教学论应当对影响教学活动的基本条件进行一定的研究。然而，人们在有着具体意义的教学论上所谈的教学条件，主要指那些贯穿在教学过程中的对教与学能够产生直接、具体影响的主客观因素，如教学设施、班级气氛、教学手段、学生的知识经验准备和认知结构、教材以及教师的学识和能力等。

第三，教学论要研究教与学的操作。教学论应注重研究教与学的实际操作问题。它既要研究教学的一般原理、一般规律和教学中的条件，还要研究如何将此原理和规律运用到实际的教学过程当中，研究如何更好地利用教学条件设计、组织教学，以期提高教学效率。教学论要研究各种教学方法的适用范围以及具体实践要求，如教学设计的程序、方法和基本模式，教学评价工具的编制技术和使用规范，课堂管理的技术和方法，教学环境因素的调控策略等。理论与实践脱节是当前我国教学论研究中的一个突出问题。它导致理论研究不能直接指导实践操作。这种状况的形成与长期以来人们对教学论的学科性质、研究对象认识的片面性不无关系。因此，人们既要加强教学基本原理的研究，又要重视对教与学操作问题的研究。这不仅有利于理论与实践的结合，还有利于教学论的学科继续建设和发展。

教与学的关系、教与学的条件以及教与学的操作三者之间的密切联系和制约，共同构成了教学论完整的研究对象。其形成了教学原理、教学知识、教学技术三大研究结果。这些研究结果共同构成一个相对完整的教学论体系。

二、物理教学的优化过程与原则

（一）优化物理教学过程

在现代高新技术的发展时代，人们已清醒地认识到，更新教育思想、转变教育观念、实施教育改革、倡导素质教育，是民族振兴、国力增强、社会繁荣的需要，是实现社会主义现代化的需要，是实施科教兴国战略的需要，也是教育自身改革和发展的需要。

实施素质教育，课堂教学是主渠道，抓住课堂教学这个中心环节，结合素质教育的精神实质，开展优化物理教学的研究，是推进素质教育在物理教学中有效实施的关键。要把物理课堂教学作为一个整体性的、师生相互作用的动态过程来研究，让物理课堂教学焕发生机和活力。“物理难学”是一个由来已久的问题，究其原因是没有优化物理教学过程。过去的物理教学过程，注重知识传授而忽视能力培养，注重教师的教而忽视学生的学，视教师为主导者而不把学生视为主体，因此优化物理教学过程成为必须解决的问题。

1.优化物理教学过程的意义

人们所说的教学过程，指教师为完成教育教学任务而进行的一系列活动，主要包括制定教学目标、编拟教学过程、选择教学方法、组合教学手段等。优化物理教学，指教师在一定的世界观和方法论的指导下，用动态的观点，依据人类社会发展的需要，结合学生的实际（如知识水平、身体素质、心理特征等）和教材内容，运用现代化教育观念、教育思想、教育理论去制定教学目标、编拟教学过程、选择教学方法、组合教学手段等。优化物理过程，就是在教学实践中脚踏实地，既重视知识传播，又重视方法指导、能力培养和心理调整，帮助学生形成科学的思想、方法和精神。人们承认，掌握知识和积累知识固然重要，但在吸取知识过程中形成的思想观念、方法及精神、品质、意志，比知识本身更为重要。知识是无止境的，因此，教师的物理教学，不但要“授人以鱼”，而且要“授人以渔”，必要时还要“与之同渔”。要尽可能更好地满足未来社会和学生全面发展的需要，使学生乐学、好学、善学。

2.优化物理教学过程的内容

（1）优化教学目标。不同的教学内容应有不同的教学目标，要依据教学大纲、教材体系和社会需要，既要确定基础素质的培养，又要涵盖能力的培养，使学生所收获的不仅有物理知识本身，还有学习物理的方法，如“磁现象的电本质”一节，不但可以让学生知道磁现象的电本质是“磁铁磁场和电流磁场一样，都是由电荷运动形成的”，而且能使学生了解科学假说的提出要有实验基础和指导思想，使学生了解假说是科学发展的形式，假说是否正确要看其能否解释实验现象、导出的结论是否与实验相符合。

（2）优化教学内容。教材是教学的基本依据，现行教材内容的编排体系只利于教师教，而不利于学生学，这导致了教学的强制性。学生虽然学习了很多书本知识，但不能适应高速发展的当今社会，这就要求教师不能将教材内容原封不动地硬“塞”给学生，而是要具备现代化教材观，不断学习现代教育教学理论，充分运用自己的聪明才智，运用自己的知识积累，根据学生学习的个体差异，把握教材、使用教材，优化教学内容，促使教学内容现代化。例如，《原子核能》这部分内容，其教学内容抽象，平淡无味，如果教师在教学中适当介绍世界上各发达国家以及一些发展中国家和地区在核能发电上取得的进步，介绍我国的广东大亚湾和浙江秦山核电站的有关情况，指明发展核电以适应现代化建设事业对能源日益增长的需要是一种必然的趋势，学生就能够正确认识我国对核电建设采取的政策和措施，从而激发起学生的兴趣，提高教师授课效率。

（3）优化教学过程。现代教学论认为，教学既要让学生学会知识，又要让学生会学知识，培养学生开拓创新的能力。因此，教师要精心设计教学过程，正确处理知识、方法、能力三者之间的关系，要设计引人入胜、轻松和谐，具有探索性、启发性、创造性和科学文化氛围的教学情景，真正体现学生为主体、教师为主导的氛围。充分做到信任学生，实验让学生做，问题让学生提，思路让学生找，错误让学生析，是非让学生辨，异同让学生比，好坏让学生评，最大限度恰到好处地给学生提供自我学习、自我调控的机会。

（4）优化教学方法。教学有法但无定法，贵在得法。在教授新知识时，教师可以让学生用已有的知识推导新知识，这样学生就会记忆深刻、理解透彻，因此教师要在汲取各种教学方法精华的基础上，大胆构建适合本校本班的教学实际，建立能真正发挥教师主导作用和学生主体作用的多种教学模式，并进行优化组合，不拘于某一种教学方法，更不要机械地照搬某种“最佳”教法。教学方法多种多样，各具特色，但每种教法都有其特定的适用范围，在知识的传授、人才的培养方面有着不尽相同的作用，只有多种方法结合、配合使用，才能形成合力，提高教学质量。因此，教师要及时了解教学方法的新变化，熟悉各种有效的教学方法，明确其效能，及时将其应用到教学过程中。

（5）优化教学手段。教学手段的多样化和现代化，使得课堂教学效果完全不同。笔者认为，现代化的课堂教学要采用多媒体计算机辅助教学，如幻灯投影、实物投影等现代化教学手段，以增大课堂密度，提高课堂教学质量。

总之，优化物理教学是必要的，也是可行的。随着优化物理教学过程的实现，其必将极大提高学生的学习热情，“物理难学”也将成为历史，提高物理教学质量也便成为水到渠成的事情。

（二）物理课堂教学的原则

1.因材施教原则

教师在物理教学中，必须“尊重差异，因材施教”。这对培养适应时代需要的创新型人才，具有非常重要的现实意义。课堂教学要面向全体学生，既不能以全班学力最低的学生为准，人为地降低教学要求、放慢教学进度，也不能以“学科尖子生”为准，随意拓展、拔高，加快教学进度，更不能用同一标准要求全体学生。贯彻因材施教原则，做到既能关注全体、又能兼顾个体，是对课堂教学“面向全体学生”的最好诠释。

2.循序渐进原则

循序渐进原则指教学要按照学科的逻辑系统和学生认识发展的顺序进行，使学生系统地掌握基础知识、基本技能，形成严密的逻辑思维能力。

贯彻循序渐进性原则的基本要求，就是要按教科书的系统性进行教学：由浅入深、由易到难、由简到繁，螺旋式上升。由于学生的认知发展水平和教学内容的不同，所以教师必须把握好各个学段的目标，并结合学科的特点，使之系统化、层次化。

3.主体性原则

学生是学习的主体，教学是为了帮助学生学会学习。“教师替代”行为是造成课堂低效或无效的主要原因。要提高课堂教学效率，教师应做到以下几点：首先，坚持“凡是学生能够自己完成的事，教师绝不替代；凡是属于学生自主学习的时间，教师绝不占用”；其次，做到“师生互动、生生互动”。师生互动的关键是思维互动、全体互动、多渠道互动，教师要创设情境让学生“学会思考、学会质疑、学会回答”；再次，通过有效的小组合作方式，充分利用学生之间“学力差异”这个重要资源，为后进学生及时解决学习困难提供有力的保障；最后，当堂落实。课堂上要安排出适当的时间进行当堂训练（口头与笔头），并培养学生“有疑问先问同学，练习完成了先让同学批改”的习惯。关键知识不仅要落实于学生的口头，而且要落实于学生的笔头。

在物理课堂上，学生是学习的主人。学习是学生的事，教师不可越俎代庖。教师是学生学习的组织者、合作者、参与者，学习思路的引领者、指导者，学习方法的建议者。教师要面向全体，让每一个学生都有事做；要学会倾听，让每一个学生都敢讲话；要关注过程，让每一个学生都会思考；要尊重差异，让每一个学生都能快乐。

4.趣味性原则

在课堂教学中贯彻趣味性原则，可从下列几方面入手：首先，通过情境的创设，引起学生直接经验情境激发“兴趣”。教师在课堂教学中，可以运用大自然中的各种实例，设置能引起学生思考的直接经验情境，组织学生在“实际情境”中进行学习，激发学生的内在兴趣，使之主动参与各项教学活动，把学生的注意力和兴奋点集中到感兴趣的教学内容上，进而提高其课堂的学习效率；其次，通过幽默的语言来调动学生上课的积极情绪激发“兴趣”。幽默是一种力量，能在不知不觉中打动人和感动人，给人以惬意和舒适的感觉。幽默也是一种乐观的人生态度，能反映一个人真实的个性和应变能力。在物理教学中，教师若能把握好机会适当地幽默，一定会取得不错的教学效果。

5.简约性原则

建设“简约”高效课堂有以下五个主要途径。

（1）教学目标明确。教学目标明确具体，重点突出，每节课集中力量解决一至两个重点知识。

（2）教学程序简约。教学程序简单明了，没有人为复杂化，各教学环节之间衔接顺滑，过渡自然流畅。

（3）指令清晰完整。在每个时段学生都要明确自己要完成的任务。

（4）时间结构合理。根据授课内容和学生的实际情况，合理分配教师的讲授时间、学生的课堂练习时间、同学交流互助时间、师生交流时间等。

（5）善于归纳总结。教师要善于引导学生进行归纳总结。在上完一节课后，教师留给学生的不仅是程序化、问题化、公式化、口诀化、技巧化的知识，更是科学的学习方法。

6.直观性原则

在课堂教学中，注重“直观”可以解决学生形象思维能力较强而抽象思维能力较弱的问题，可以降低学生学习和理解新知识的难度，有利于学生抽象思维能力的培养。

7.激励性原则

所谓激励课堂原则，就是在教学设计与教学实施中，教师有意识地、不失时机地采用激励性语言，对学生的课堂表现进行有效评价；努力在课堂上为学生创造表现的机会，让更多的学生能够体验成功体验；为学生提供渐进式的学习内容，不断增强学生的学习信心与兴趣。

8.实效性原则

课堂教学中的实效就是实用、高效。教学目标的实现不是学习的终点，而是学生能力发展的途径。任何课堂教学都要适合学生，能够使学生用较短的时间掌握更多的知识，提升更多的能力。

第二节 大学物理课程的地位

一、大学物理课程性质

（一）课程的性质

大学物理课程是大学理工科（非物理专业）学生的必修科目，其培养目标是培养和提高学生的科学素养与科学思维能力。学习者通过该课程的学习可以了解经典物理（力学、电磁学、热学、光学）和近代物理的基本概念、规律和方法，并为后续课程的学习、今后的工作打下基础。物理学是研究物质的基本结构、运动形式、相互作用的自然科学，其基本理论已经渗透到其他自然科学的各大领域。通过大学物理的学习，学生不仅可以增强自主学习的能力、科学观察的能力、抽象思维的能力、科学分析与解决问题的能力，还可以进一步增强求真务实精神、培养创新意识和科学美感的认识能力。

（二）课程的特点

大学物理课程具有如下几个特点。

（1）物理是一门严谨的科学，基本概念、基本原理和基本技能等基本功的训练，永远是物理课程的核心，也是我国物理教学的优良传统。

（2）大学物理是以实验为基础的，强调理论与实践相结合，强调实践是检验真理的唯一标准。

（3）大学物理注重对新问题的探索和批判精神的培养。

（4）大学物理具有学科交叉性。它不仅与数学有紧密的联系，还与技术科学有着很强的相关性。

二、大学物理在高等教育中的地位及作用

（一）大学物理课程的基础地位

在高等院校中，教学工作的基本单元是课程，而学校的培养目标则决定了课程的设置。在通常情况下，教育层次的不同决定了教育的培养目标必然会有所不同，因而就会存在不同的课程设置。现阶段高等理工科教育的培养目标是向大学生传授应有的专业知识与技能以及必要的自然科学知识，使其成为高素质的人才，能够在未来为国家、为社会创造无限财富。而物理学作为一门重要的自然科学，研究的是物质最基本、最普遍的运动形式和规律，研究的是物质最基本的结构。它的理论的广度和深度，在各学科中名列前茅；它的基本概念和方法，为整个自然科学提供了规范、模板甚至工作语言；以物理学基础知识为内容的大学物理课程所包含的经典物理、近代物理和现代物理学在科学技术上应用的基础知识是一个高级工程技术人员必须具备的。因而，物理学规律以及理论具有较大的普遍性。在21世纪，物理学仍将是一门充满活力的科学。所以，从物理学本身的特点来说，大学物理课程仍然是我国高等院校理工科教育的重要基础课，其在课程设置中也必然会处于必修基础课的地位。

（二）大学物理在理工科高等教育中的作用

物理学从它的早期开始，就以丰富的方法论、世界观等物理思想影响着人们的方法和思想，物理学发展的过程，也是人类思维发展的过程。因此，对大学生进行物理教育，能够培养他们正确的世界观以及思维能力。同时，物理学中包含的各种研究方法，如理想模型方法、半定量以及定性分析、对称性分析、精密的实验与严谨的理论相结合的方法等，对工程科学家、工程技术人才来说是必不可少的。除此之外，物理学从一开始就具有彻底的唯物主义色彩，“实验是检验真理的唯一标准”一直都是物理学家坚持的原则，显然这是“至

真的”；物理学一直都致力于帮助人认识自己，促使人的生活品质不断提高，这是“至善的”；物理学中始终体现着“和谐的美”“风格的美”“结构的美”“对称的美”等“至美”的光辉。因此，大学物理教育对于大学生各方面素质的培养是其他任何学科都无可替代的。从以上可以看出，物理学已经成为理工科高等教育基础学科中影响较深的一门学科。它不仅是一门为后续专业课做准备的基础课，而且具有培养大学生基本科学素养以及各方面能力的功能。

第三节 大学物理的有效教学

一、有效教学的定义及主要特征

（一）有效教学的定义

关于有效教学的确切定义，学术界还没有达成一致。关于有效教学的定义，目前国外主要有描述式定义和流程式定义两种。

描述式定义主要是从教学的结果来对有效教学进行界定的。其认为通过有效教学，学生应该能够产生有效的学习。也就是说有效教学要以学生为中心、以教学结果为判据。这种观点主要考虑的是教学结果的因素，而对教学过程的因素有所忽略。

流程式定义通过充分考虑影响教学有效性的因素，运用流程图的方法来对有效教学进行界定。这种观点将有效性教学看成由一个个变量构成的流程，包括背景变量、过程变量、产出变量等。其中背景变量包括教师、学生、学科、学校以及时机的特征等。过程变量包括对教与学的看法、对教学理论的把握、对教学目标的看法等。产出变量包括短期或者长期的结果，以及认识或情感方面的结果。这种观点的不足之处在于忽视了教学行为的研究。

在我国，最初直接对有效教学进行定义的著述不是很多，但随着人们对教育理念的不断认识，有效教学受到了越来越多的关注。综合国内的各种研究成果，目前主要有以下几种对有效教学的界定。

1.从概念的角度来阐述

从“有效”和“教学”的概念的角度对有效教学进行界定。“有效”就是学生通过一段时间的教学后取得的进步，“教学”指教师引起、维持或促进学生学习的所有行为。持这种观点的学者认为，有效教学是为了提高教师的工作效率、强化过程评价和目标管理的一种教学理念。

2.从结构方面进行界定

从结构方面进行界定是指从表层、中层以及深层的角度来分析有效教学。从表层分析，有效教学是一种教学形态；从中层分析，有效教学是一种教学思维；从深层分析，有效教学是一种教学理想。实践有效教学，就是要把有效的理想转化为有效的思维，再转化为一种有效的状态。

3.从经济学角度来界定

该观点从效果、效益、效率等方面出发，认为教学的有效性指教师遵循教学活动的一般规律，通过投入较少的时间、精力以及物力，达到较好的教学效果，从而实现特定的教学目标的教学活动。

以上对有效教学的不同界定，源于学者们持有的有效教学观有所不同，也可以说是学者们对影响学习者有效学习的教学方式的认知有所不同。综合上面提到的几种界定，笔者试着给有效教学做这样的定义：有效教学就是以正确的教学目标为基础，重视学生对知识的发现、理解以及体验，重视发展学生各方面的能力，最终使过程与结论相统一的教学活动。其核心是促进学生全方位的发展。事实上，有效教学不仅是一种教学形态，而且是一种教学思维、教学理想。从有效教学的理想转化为有效教学的思维，最后转化为有效教学的现状，是教师教育教学理论与教育教学实践不断结合的一个过程，同时也可以将其看作教师自身专业素质不断提高的过程。

（二）有效教学的特征

有效教学的特征指有效教学区别于低效甚至无效教学的标志。近年来，许多学者对有效教学的特征进行了研究，并总结出以下几点特征。

1.有正确的教学目标

对于“到底怎么样的教学目标才是正确的教学目标”这样的问题，研究者们还一直在争论。很显然，在现阶段，教学目标还不够清晰。教学目标是否明了与学生能够取得的成就以及学生满意与否都有密切关系。因此，教师要想开展有效教学，就需要有正确的教学目标进行指导。接下来，笔者从指向性和全面性这两个方面来理解正确的教学目标。

（1）教学目标的指向性。教学目标指通过教学能够达到的结果，因此指向性就是指教学的结果是什么。有研究者曾指出："教育的真实目的是改变学生的行为，使他们能够完成那些在教育之前不能完成的事情。"由此可以看出，教学的目标不在于教师教了什么，教师在教学过程中是否科学、认真，也不在于学生在学习过程中是否努力、认真，而在于通过教学，学生的学习是否有了进步。简而言之，这种目标最终要指向学生的进步和发展。但是反过来，学生的进步和发展一般离不开自身的努力以及教师的指导，也就是说，只有教师有效地"教"以及学生有效地"学"，有效教学的目标才能更好地实现。因此，教师认真、科学地教学，学生刻苦、科学地学习，才更有可能实现有效教学的目标。

（2）教学目标的全面性。正确的教学目标不仅要使学生进步和发展，而且还要使学生全面地进步和发展。美国教育家布鲁姆等就曾对教学目标从学习结果的角度做过分类，他们提出的教学目标包括认知、情感、动作技能等三个领域的目标。

认知目标：学生应该掌握教学内容，提高认知能力，能够真正理解、分析和应用所学的知识。这类目标的评判标准是学生掌握的知识是否丰富、能不能很好地进行知识迁移以及认知能力程度如何等。

情感目标：学生能够看到学习物理的价值，积极主动地进行学习，能够有正确的价值观和学习态度。这类目标的评判标准应为学生学习的情感是否丰富、健康，学习态度是否积极，学生的价值观能否体现出科学性等。

动作技能目标：通过教学，学生要有较强的动手能力以及实践能力，能够运用所学知识解决生活和社会中的一些问题。可以从学生技能的熟练性和创造性等方面对学生做出评价。

也就是说，学生的进步和发展应体现在认知、情感以及动作技能等三个方面全面进步和发展的基础上。

2.做充分的准备

为了确保大学物理这门课程能够有计划地进行，教师应该在每堂课之前做好相应的准备。教学应该是有目的的活动，要想达到好的教学效果就要做好充分的准备。从教学环节来看，教师最主要的是进行充分的准备以及做好相应的教学设计。有研究表明，教师在授课前进行认真备课、计划以及组织教学，可以大大减少授课开始后花费在课堂组织上的时间，这样就会有更多的时间用于教学，因而可以提高教学的有效性；如果教师在授课前没有很好地计划，就会在教学组织上花费过多的时间，这样就会影响教学的进度以及教学的有效性。充分准备的好处还体现在，如果教师在授课前考虑了学生的学习需要、学习基础等，那么就更容易引起学生的学习兴趣，激发学生的学习动机，提高教学效率。

3.促进学生学习

促进学生学习指教学的实施要关注学生的需求，教学要围绕学生来展开。学生在学习中占主体地位，教学对学生能够起到的作用，主要体现在学生的进步和发展方面，因此，有效教学应是能够促进学生学习的教学。另外，现代建构主义认为，学生的新知识是通过自己主动积极地建构获得的，并不是被动地从教师或者书本那里获取的。所以，教师在教学过程中要充分调动学生学习的积极性，使他们能够主动参与到学习中。具体做法有以下几点。

（1）教学内容及方法的使用要符合学生的认知能力，包括学生的理解水平以及接受能力。教师要对教学内容进行再加工，调节课程的难度以及进度，运用适当的教学方法，保证能够适应学生的认知水平。

（2）关注学生的兴趣。兴趣是学生学习的主要动力，教师要善于发现学生的兴趣，通过发掘教学内容的意义，把教学内容与生活联系起来，引起学生学习的兴趣；通过刺激学生的思维，使学生主动去思考问题；通过生动的教学，吸引学生，使学生能够主动参与到教学过程中；通过关注学生对教学的反应，创设必要的教学情境，避免学生在课堂上走神和分心。

（3）帮助学生克服学习障碍。在教学过程中，教师要正视学生存在的学习障碍，包括学生原有知识结构造成的障碍、相异思维方式造成的障碍等。通过运用适当的教学方法，帮助学生逐步克服存在的障碍，进一步实现有效教学的教学目的，使学生愿意学习或在教学结束后能从事教学前所不能从事的学习。

除以上几点外，教师还可以向学生介绍正确的学习方法，使学生进行更有成效地学习。

4.能够激励学生

合理的教学方法以及合适的教学内容对学生的学习是非常必要的，但这并不能保证学生一定能够学好。如果教学不能促进学生主动学习，激发不了学生的学习兴趣，那么这样的教学注定是失败的。因而在教学中，教师有必要采取一定的激励手段去激发学生学习的积极性和主动性，只有这样，才能使学生学得更好，才更有可能达到预期的教学效果。所以有效教学的另一个主要特征就是要能够很好地激励学生。学生只有在对他们所学的内容感兴趣，而且有强烈的学习愿望和动机时，才会积极主动地投入到学习中，这样的学习才能够取得好的学习效果。有研究表明，学生和教师一致认为生动有趣、激发思维的教学是成功的教学。而很多教学实践也证明了学习动机对学生学习效果的影响非常大。

当然，有效教学还有其他较为重要的特征，如清晰明了、师生关系融洽、能够合理利用时间等。一般来说，有效教学需要同时表现出以上几个特征。这就意味着，教师如果想要使自己的教学具有有效性，就需要在教学过程中逐渐体现出以上这些特征，但也不一定要寻求一样的模式，教师可以在教学过程中表现出具有自己独特教学风格的有效教学。

二、教学方法与有效教学方法

有效教学要求学生能够在较短的时间内学到较多的知识，而且要掌握尽可能多的技能，同时能够促进学生的全面发展。为了达到这样的教学目标，对有效教学方法进行研究就显得尤为重要。对有效教学方法的研究，不仅是国家对教育社会价值追求的结果，而且是学生自身的能力发展在教学中需要得到彰显的要求，虽然受到历史背景以及教育教学大环境的影响，有效教学方法中的“有效”具有明显的“相对”概念，但是在现阶段，有效教学方法最终应能体现在学习者的能力发展上。教师通过有效教学方法的运用，可以提高教学质量，从而使学生各方面能力得到提升。

美国学校通过教学实践，总结出包括系统直接讲授法、整体讲授法、弧光法和主题循环法四种有效教学方法。其中，系统直接讲授法指教师通过直接讲授，使学生能够确切地掌握、完成一个过程的方法。在教学中，学生对学习的重要性有足够的了解，教师和学生共同关注一种学习目标和学习过程，因而该方法目标明确，效率较高。在整体讲授法中，学生对学习内容以及方法有选择权，而且在教学中，更多的是强调学习过程，因而学生可以掌握多种学习技巧。弧光法是一种为了保证教学目标的实现，要求学生走出课堂，深入社区，在学习中培养美感的方法。教师的工作重点是发展每个学生积极的自我概念。主题循环法允许各学科的内容综合整合，一般在中小学被使用。对于教学方法而言，影响其运用的因素是多种多样的，包括教师、受教育者、教学目标、教学内容、教学环境以及教学手段等，因而有效的教学方法并不是唯一的，而且也不应该是唯一的。因此，教学方法是否有效，哪些教学方法是有效的，都需要综合考虑各种因素，每一种教学方法都可能是有效的，也可能是无效的。

第四节　大学物理的教学方法

一、基于大班教学的大学物理的有效教学方法

我国目前的大学物理教学，基本都采取大班教学。因此，针对这一特点，笔者提出了两种有效教学方法：启发式讲授和基于问题学习，这两种方法都较为灵活，而且对教学环境、教学手段的要求都不高，因而能较好地运用到我国的大学物理教学中。

（一）启发式讲授

讲授法并不只是我国大学物理特有的教学方法，在其他国家也是一种占据重要地位的教学方法。这与讲授法本身的特点有很大关系。其一，讲授法具有许多优点，如它的通俗性以及直接性可以增强课堂教学的效果，能够使学生全面、准确地把握教材；它的系统性，不仅可以展示大学物理这一学科的整体性，而且能给学生传授相关的科学思维方法以及情感因素等。其二，在大学物理教材中，很多知识或内容具有客观性、确定性这样的属性，如一些基本物理量的定义、物理概念等。对于这样的内容，用讲授法教学效率会更高，这也决定了讲授法能够在大学物理教学中占据一定的地位。另外，讲授法本身就是一种非常经济的教学方法，这也较为适合我国目前大学物理大班教学的现状。当教学方法和教学手段不断多样化时，讲授法在理论中会受到批判，而在实践中却仍是最有效的教学方法。很多学者都将讲授法与发现法对立，认为讲授就是灌输，就是被动接受。不可否认，发现法是一种好的教学方法，是现代思想的产物。发现法的使用，可以充分挖掘学生的潜力，能够让学生掌握发现、研究的方法等，有很大的教学价值。但是发现法也有其自身的局限性，如利用发现法进行教学，往往会费时较多。有研究者表明，相对讲受式的教学方法，发现法会多花1.3～1.5倍时间。而且美国著名教育学家布鲁纳曾指出，并不是所有

学习内容都需要学生去发现。每一种形式都有其存在的合理性，有其适合运用的条件。讲授法能够有效实现合目的性、合规律性、合道德性三者的统一，教师通过讲授法传授知识，学生会系统地对知识、技能形成认知，从而对智能形成更好的发展。讲授法在处理新的概念时是一种较为有效的方法。而且，讲授也并不单单是教师在课堂上讲解。在讲授过程中，教师可以加入一些与学生的互动或者简单的讨论等，这样可以更好地增强教学效果，而且从实际教学中可以看到，很多大学物理教师都在做这方面的尝试。

当然，传统的讲授法是一种有较多缺陷的教学方法。因为它通常由教师控制着教学过程，单向交流，因而可能会限制学生的主动性，使学生较为被动地进行学习。学生在听课过程中也容易分神。它更多体现的是以教师为中心的教学思想。而且讲授法在多数情况下会表现出由于结构过于缜密而导致过程较为烦琐、学生兴趣不高等缺陷。但是，随着教学理论的不断发展，传统教学方法的内涵得到了不断扩展，因而讲授法发生了很大的变化，在某些时候能够成为有效的教学方法。谈到讲授法，人们一般会想到机械式的学习，但奥苏贝尔却认为，发现学习也不一定是意义学习，接受学习与发现学习都有可能是有意义的，也都有可能是机械的，并不是讲授导致了机械学习，学生的机械学习是由于教师没有正确地应用讲授法而产生的。有研究者指出，正确的讲授法应该是教师在全面掌握学生情况的基础上，辅以多种教学方式，并注重讲授内容的准确性、讲授语言的艺术性以及讲授过程的启发性。

在现阶段普遍存在大班授课的情形下，讲授法依然是一种相当高效的教学方法。但是不能把讲授法理解为简单地注入。要想提高教学的有效性，教师还需要注意以下几点：注重知识的合理组织；恰当把握过程教学的实质；最关键的一环是在讲授式教学中贯穿启发式教学思想，因此在讲授过程中，需要加入启发性因素。加入启发性因素，就是要求教师在讲授中，从学生已有的知识、经验和思维水平出发，创设适当的教学情境，以形成学生认知和情感的不平衡态势，启迪学生主动积极地思考，使学生的思维、知识和能力等得到发展。因此，在教学中，通过教师的启发和诱导，学生的思维、情感以及行为等才有可能处于积极主动的状态，这样才能激发学生积极思考，进行有意义的学习，学生也不会认为教师授课只是传授给自己一些现有的东西。教师只有运用了启发式讲授，才能够不断更新学生的认知结构，才能够使学生真正进行有效的学习。

启发式讲授能否成功，关键在于教师在上课前，是否清楚地了解学生已经具备的知识和技能，教师只有在教学过程中创造出具有启发性的教学环境，才能够激发学生的认知潜能，产生较好的教学效果。

物理教学中教师如果能够引入一些学生没有涉及的知识点，就能够产生很好的教学效果。因为对于普通物理来说，其原本就来源于实际，只不过教师进行了抽象和概括。例如，在讲惯性力时，教师就可以引入实例，有人坐在一辆加速行驶的车上，在地面上的人看来，他在加速向前，而在他自己看来，是静止的。这就产生了矛盾，学生因此就会积极地探讨矛盾的来源。在对学生的慢慢启发中，教师就可以一步步地引导学生学习惯性力，推进教学。教师通过进一步地讲解，让学生了解惯性力的本质。通过这样的讲授，学生不仅能够对所学知识理解得更为透彻，而且会激发自身学习的兴趣，促使自身积极地思考。我国高等学校的大学物理教师已具备这样的素质。因而笔者认为，在传统的讲授法中渗透启发的思想，进行启发式讲授，在我国目前大学物理教学中是可行的，而且能对教学产生积极的影响，是一种较为有效的教学方法。

（二）基于问题学习

基于问题学习的教学，本质上是一种互动模式，也是一种适用于我国大学物理课堂的教学方法。与传统的讲授法相比，基于问题学习的教学方法具有独特的优越性，其强调在教学过程中要以学生为中心，引导学生进行探究式的学习，最终解决来源于生活或者现实的问题和案例。鉴于此，其能够解决当前我国大学生迁移能力普遍较差这一问题。

如果根据常规流程进行该教学方式的教学组织，那么学生的课下探究、课堂报告、组织讨论等就会花费大量时间，而且该教学方式对设备、教师以及学生的要求也很高，显然很难在我国高校当中普及。因此，教师如果要采用基于问题学习的教学方法，就可以放开手脚，摆脱形式的束缚，不必在意形式是否完整，而是要以问题为核心，让学生始终处于问题当中，跟学生一起研究和讨论问题的解决思路与过程。尽管这种教学并不完美，但是依旧体现了将学生作为主体的教学思想，体现着激励学生、促进学生学习等有效教学的特性。相较于传统的讲授法，其不失为一种有效的教学方法。

该教学方法要求教师必须做好充分的课前准备，只有这样才能保证有效教学。教师在进行备课时，要将教学的难点和重点找出来，明确学生的学习任务以及教学目标。在基于问题学习的教学方法中，学生往往会从问题开始学习，所有学习活动都以问题为中心，所以选择和设计一个合适的问题对教师来说极为重要。教师在设计问题时要注意以下几点：其一，要确保问题的主题和目标明确，要为了完成教学目标而设计问题，而非为了问题设置问题；其次，教师选择的问题要真实，即要选择一些源于生活、能够激起学生兴趣、有一定时代气息的主题，而且要以学生生活经验为基础。只有这样，学生才会更具学习主动性，更加积极地思考问题。因为在学生看来，其学习的知识不再是空泛的理论，而是可以在实际中用来解决问题的工具，可以满足自身的“需求”。教师设置的问题不能轻易被学生通过推理来解决，必须具备一定的复杂性，而且教师要简洁明了地提出问题，尽量不要对问题有过多解释，以便充分发挥学生的主观能动性，但一定要保证问题和当前学生的知识储备是相当的，不会超出学生的知识范围，这样才能提升学生与教师互动的积极性。

在基于问题学习的教学过程中，教师要以问题为驱动，自始至终都要把学生置于问题当中。教师在教学过程中，要注意提示学生如何去思考，逐步引导学生把题目中的隐含条件明朗化，与学生共同简化问题，抓住核心，把问题层层剥落。在这样比较开放的课堂上，学生的问题往往会较为分散，而且有些问题与教学的关系不大，这都需要教师能够及时去引导。

基于问题学习的教学，教师要明确教学目标，即明确通过教学要增强学生哪方面的能力，但是也不要忽略学生的生成目标。对于这样的教学，有的学生会对其中的知识点产生很大的兴趣，教师可能由于时间不够或者其他原因不能在课上解答，但是不能仅仅以“与课程无关”这样的言语来回答学生，因为这可能会挫伤学生的积极性，此时教师就可以把问题延伸到课下，在课下指导对该知识点有兴趣的学生，并指导其查阅各种资料等，同时也能培养学生的自学能力以及处理信息的能力；在问题层层剥落的过程中，对于问题的简化，学生可能会提出不同的见解，这时，教师要充分尊重学生的各种理解，不能以“这个没有依据”等话语回答学生，而是要在肯定学生不同见解的基础上，分析其思考存在的问题，当然也要对学生的思考进行可行性分析。因此，基于问题学习的教学对教师的要求往往是教师的态度，教师要做到耐心、及时、热情。

在大学物理课程中，很多教学内容是可以采用基于问题学习的教学方法来进行教学的，尤其是在一些习题课中，教师可以尝试采用该教学方法。例如，在讲完牛顿定理后，教师可以在习题课中设计学生比较熟悉的运动员跳水这样的问题，让学生借此来熟练掌握变力作用下求解物体运动的方法。采用这样的教学方法，可以同时培养学生解决实际问题的能力。对基于问题学习的教学，其结果可能并不是唯一的。在简化问题过程中，教师需要引导学生去除次要的因素，抓住关键点，构建模型，因而这样的教学方法能够充分培养学生的思维能力。在计算过程中，通常还会用到“估算”这种近似的方法，因而会给予学生很大的自由度，在提高学生解决问题的能力方面，有着非常突出的作用，这正符合高等院校培养高素质人才的教学目标。因此，在目前的大学物理教学中，基于问题学习的教学方法是一种较为有效的教学方法。

二、基于大学物理教学内容的有效教学方法

在大学物理教学中，教学方法的选择往往会与一定的教学内容相关联，因为知识体系之间往往都会有一定的联系。因此，要想提高教学效果，就需要在教学前，对教学内容进行详细、充分的分析，对症下药，选出最为有效的教学方法。下面这两种基于特定内容的教学方法，是较为有效的大学物理教学方法。

（一）变式教学方法

变式就是教师在引导学生认识事物属性的过程中，不断变更提供材料或事物的呈现形式，在保持事物的本质特征不变的情况下，使事物的非本质属性不断迁移的变化方式。变式的形式一般有很多种，如方法变式、内容变式以及形式变式等。在变式教学中，教师可以采用不同的教学材料来描述知识的本质属性，为了更加突出知识的本质，也可以属性采用变换其中的非本质属性的方式来进行。通过这样的方式，学生会对知识的本质属性更加了解，并最终形成正确的概念。因此，在教学中采用变式教学方法，能够使学生对基本概念理解得更为透彻。关于变式教学的研究，以数学的研究居多，包括数学概念的变式、数学命题的变式、数学语义的变式、解题的变式以及图形的变式等，另外，有研究者对此提出了许多具有较强操作性的理论和方法，如“概念和变式”“对象和背景”“聚敛形式的演变”“辐射形式的演变”等，其在实践中也取得了不错的效果。变式教学，首先，是一种教学方法，其次，可以把它看作一种先进的教学思想。教师所讲授的知识往往是以某些知识点为中心的一系列知识组块，较为符合学生的认知规律，采用变式的教学方法，往往能够取得不错的教学效果。

大学物理的很多物理量，都是通过数学表达式来定义的，学生往往对这些物理量的理解存在偏差，因此在做习题的时候会出现一些问题。例如，对于质点运动学这一部分内容来说，其通常是大学物理第一章的内容，对一些定义式，如速度、位移以及加速度，大多数学生都能够很好地理解，但是对微积分的计算就不那么乐观了。而且有些学生认为，大学物理的教学内容与高中所学的物理知识有所重复，只是多了一些微积分的计算，因而影响了学生的学习效果。所以，教师在上课前，应先充分了解学生对这部分教学内容的看法，了解

学生的前概念，然后再进行一些针对性的讲授，如对于一些“非科学”的前概念，在应用上要不断变换它们的问题情境，变换应用条件，突出条件的影响，这样，教师才能给学生以警示，使学生改掉以前存在的非科学的或者不完全的概念。

教师在进行变式教学时，可以适当地穿插一些物理学史或者日常生活中的一些真实案例，激发学生的学习兴趣，维持学生的学习动机。教师在引入新概念时，可以从生活实际、实验现象等方面入手，多角度加强学生对概念的理解。在教学过程中不断变化表达式的生成条件，使学生充分认识到条件在物理学中的重要性。在习题的练习中，可以从反方向对问题进行求解，培养学生的逆向思维；可以变换问题的情景，联系生活或实际，培养学生分析问题及解决问题的能力，提升学生的知识迁移能力。

教学设计能够充分体现“变中的不变”的思想。以上的教学实施，不仅能够有效去除学生在中学阶段留下的“非科学”概念，去除学生对大学物理的错误认识，即大学物理就是中学知识加上微积分，而且能够很好地培养学生的知识迁移能力，使学生更为积极主动地参与教学活动。因此，这种教学方法是一种有效的教学方法。

（二）相似性教学方法

关于相似性的作用以及重要性，很多著名学者都做过不同的阐述和研究。亚里士多德曾说过：“在哲学中，正确的做法通常是考虑相似的东西，虽然这些东西彼此相距甚远。”德国科学家莱布尼茨则认为“自然界中的一切都是相似的，一般性就是单一事物之间的相似，而这种相似，就是实在”。20世纪80年代初，张光鉴教授通过深入研究，提出了“相似论”的观点。他认为同和变异贯穿于客观事物的整个发展过程，只有同，才能继承；只有变异，才能发展。相似不是相同，相似是客观事物的同与变异的辩证统一。相似性是一种普遍规律，更是一种科学思维，在科学发展史上，相似性思想的运用也推动着科学的发展与进步。例如，在物理学领域，电磁理论的建立、威尔逊云雾室的发明、德布罗意电子波动理论的创立等一系列的科学成果，都毫无例外地体现着相似性的作用。物理学的产生和发展从某种意义上来说是相似原理的发现和运用。

在物理教学中，同样存在着许多具有相似性的知识点。例如，从概念上来讲，质点与点电荷之间就存在着一定的相似性；关于电场和磁场的描述则具有几何相似性；直线运动与定轴转动则体现了结构的相似性。除此之外，光学中的费马原理与力学中的最小作用原理也具有相似性。所以在大学物理教学中，教师应当在基于一定内容的情况下，采用相似性教学方法进行教学，这样不仅便于知识的整合与组织，更重要的是能够培养学生的相似性思维。

在大学物理教学中，学生普遍反映电磁学的内容较难掌握，这其中很大的原因在于学生对微积分的不熟悉。在电磁学教学中，一些重要物理量的求解，如电场强度与磁感应强度的求解，在某些方面就呈现很强的相似性。

1.关于电磁场教学内容

从大学物理教材来看，对于电磁场部分，其思路极其相似。首先，是线引入场。其次，是对矢量场（电磁场）的计算。再次是对矢量场（电磁场）的性质进行分析，包括通量性质和环流性质。最后，是研究矢量场随时间的变化，求解变化的电磁场。

2.关于元过程分析

在具体的问题分析及求解中，如要求解出带电棒周围的电场分布，或者直导线周围的磁感应强度，其公式也很相似，只是求解的物理量不同而已。

在后续对相关物理量进行求解时，微积分知识还要用到，也就是说需要进行微元分割。微元分割这一过程也体现了一定的相似性思想，即取微元的思想基本相同，如常见的物理图形有圆柱、球体、圆环、圆盘、直棒等，通常就会进行体分割成面、面分割成线、线分割成点等过程。取微元后，将其带入不同物理量的公式，就会得到相应的微分方程。然后就可以运用相关条件对微分方程进行积分，以求解相应物理量。这样的相似性分析可以使学生更好地理解物理知识以及微积分，学好电磁学部分。

通过对电磁场这部分内容的相似性进行分析，对分列在不同章节的电场强度、磁感应强度的计算等内容进行整合后，笔者认为这样的整合更有利于学生对相关概念的理解，教学效果也更明显。虽然教师在进行电磁学教学时，会对这两部分的知识进行对比分析，寻找它们的相似处以及不同点，但是由于电磁学的内容在教材中往往出现在不同的章节，所以相对来说，跨度较大，对学生来说，不易形成有效的学习，教师可以对这部分内容进行一定的整合，通过对比、强化、刺激学生的认知，更有利于学生思维的发展，有利于学生的“学”，促进其取得更好的学习效果。

在大学物理课程中，还有一部分内容也可以采用相似性教学。例如，电磁学的内容，除了上面所设计的求解电磁场部分可以采用相似性教学外，教师在讲授通量、环流等相关内容时，也可以采用相应的相似性教学；在力学章节，在关于质心、转动惯量等物理量的求解过程中，也存在着诸多相似性，同样可以采用相似性教学。针对相似性教学，教师也可以从生活中找出某些相似性，结合物理概念、规律等进行教学，同样能激发学生的兴趣，取得良好的教学效果。

第二章 大学物理教学的发展

第一节 大学物理教学思想的发展研究

物理学是自然科学中最基础的一门学科，同时还是一门应用学科。物理学在探究物理世界中的规律与哲学家思考这个世界上普遍成立的规律在某种程度上是基本相似的，因此，物理学的思想与方法使其看起来又具有哲学的特征。物理学对科学的发展、技术的进步一直都有很大的影响。因此，物理教育在高等教育体系中具有非常独特的地位，而教师对物理教育指导思想的研究也就有了十分重要的意义。

教育方针指政府在特定的历史时期颁布的关于教育事业的方向和指针，包括对教育事业的指导思想与政策。教育方针随着历史阶段的不同而不断变化。教育方针不仅可以反映相应历史时期的人们对教育所拥有的价值观，而且能反映当时教育所处的社会背景与历史条件。因此，教育方针是教育活动的行为指南。根据新时期以来我国教育方针不同的价值取向，物理教育的发展大致可以分为三个阶段。

一、以服务经济建设为中心时期（1978—1989年）

1978年12月18日中国共产党第十一届中央委员会第三次全体会议的召开，使中国进入一个新的历史发展时期。其做出了把全党的工作重点转移到社会主义现代化建设上来的战略决策。在其后的几年内，中共中央在有关提案和会议中，逐渐突出发展科学技术和教育事业的重要性，提出依靠科技进步和提高劳动者素质进行经济建设。例如，1987年中国共产党第十三次全国代表大会进一步提出“把发展科学技术和教育事业放到首要位置，使经济建设转到依靠科技进步和提高劳动者素质的轨道上来”。而中国的高等教育也是借此之机重新走上正轨，迎来了改革发展的春天，物理教育出现了前所未有的大好形势。在这11年中，随着计划经济体制向社会主义市场经济体制的过渡，科学技术作为第一生产力在经济建设中起到的作用令人瞩目，使得教育在经济社会建设和社会发展中的重要地位和作用日益为人们所认识，各级政府对教育也愈加重视，这更激发了我国物理教育工作者的工作热情。在这个时期，我国的物理教育工作者广泛地学习国际先进的教育理论和教学经验，深入研究物理教育思想教学、教学方法以及考试内容。物理教育质量显著提高，师资队伍迅速发展，物理教学全面复苏。

二、以社会价值为导向时期（1990—2002年）

以社会价值为导向指以政治与经济为中心的价值取向。20世纪80年代末，资产阶级自由化思想的泛滥，再次使高等教育陷入困境。鉴于此，党中央高度重视高等教育的思想导向，在此期间所制定的教育方针再次明确高等教育的服务对象只能是社会主义，教育最先要明确的就是正确的政治立场。

当今社会，科学技术迅速发展，日益成为直接生产力，这就要求物理教育不能仅仅局限于理论教育，还应加强实践环节，强调在教学中结合现代生产发展动向，深入相应的生产部门学习实际知识，提高动手能力和科研能力，主动适应现代经济建设和社会发展需要。在强调培养人才的同时，还要牢记培养什么样的人才可以在社会主义建设中充分发挥自己的专业知识和技能，同时还必须具有坚定、正确的政治方向。所有这些都为物理教育教学的改革指明了前进的方向。

三、以多元价值为取向时期（2003年至今）

多元价值取向指在注重人的社会价值的同时关注人的个人价值。进入21世纪以来，随着我国社会主义建设的不断推进，工业化、信息化的不断深入，社会、文化、自然、生态不能协调发展的矛盾愈加凸显，为了解决这些矛盾，对创新型高素质人才的培养显得更加紧迫。

2003年以来，我国提出“坚持育人为本、德育为先，实施素质教育”的教育方针。“育人为本”教育方针的提出有着深刻的现实背景。以胡锦涛为总书记的党中央从社会主义建设全局出发，综合分析世界发展大势和我国所处的历史阶段，做出了推进自主创新、建设创新型国家的重大决策。中国共产党第十七次全国代表大会指出，提高自主创新能力，建设创新型国家，是国家发展战略的核心，是提高综合国力的关键。建设创新型国家，科技是关键，人才是核心，教育是基础。科技人才是提高自主创新能力的关键。如何培养具有创新能力的科技人才，是高等教育必须回答的问题。“育人为本”强调教育的根本任务是培养人。如果不能实现人的全面发展，人的积极性与创造性必然会受束缚，如此创新能力就无从谈起。这为物理教育工作进一步指明了方向，同时也提出了更高的要求。反观物理教育，其能否实现这一目标呢？传统的应试教育，紧紧围绕考试和升学需要，或者说只有教学而无教育，与新教育方针的精神内涵是背道而驰的。由应试教育向素质教育的转变，是“育人为本”教育方针的必然要求。

第二节　大学物理教学方式的发展研究

教学手段有广义、狭义之分。广义的教学手段涵盖了教学方法的意义，为了避免与其他概念发生混淆，保证研究对象的独立性，笔者从狭义的角度来界定教学手段：教学手段是在教学思想的指导下为了实现教学目标所使用的工具、媒介或设备。物理学的发展对技术的进步起到了巨大的推动作用，而技术的进步同样又对物理学产生了积极的影响。新时期以来，我国物理教学手段的发展，同人类历史上的三次科技革命有很大的相似之处，根据其历史发展过程所呈现的形态，可分为传统教学方式、电化教学方式以及基于电子计算机和互联网的网络教学方式。

一、传统教学方式

传统教学方式指基本上不借助光电声效等器材开展物理教学所采用的教学手段，主要包括口头语言、印刷品、黑板粉笔等。双语教学虽然不在传统教学概念的范畴内，但是可以视为传统教学手段现代化的延伸。

首先是口头语言教学。人类的教学活动是从语言开始的。在文字还没有发明、印刷术没有得到普及的历史年代，人们只能依靠语言进行教学活动，来实现信息的传递。即使是在当今信息化时代，口头语言教学仍然是一种非常重要的教学手段。在改革开放初期，与国外相比，我国高校的教学条件是比较落后的。物理学的教学活动主要以教师课堂的讲授为主，然后辅以板书讲义。因此，语言是最早被使用的、也是最基本的教学手段。

其次是图形教学。狭义的图形概念指在载体上以几何线条和几何符号等反映事物各类特征和变化规律的表达形式。广义的图形概念包括图像、实物形状、汉语象形文字等，是一个视觉概念。与语言教学互相补充，图形教学是传统物理教学手段中又一基本教学手段，主要包括教科书、直观教具、粉笔黑板、挂图、模型等。

最后是双语教学。从总体上看，国内物理高等教育的双语教学起步不久，在理论和实践上还存在诸多争议与困难，尚未达成一致的教学观点，形成固定的双语教学模式。而国外的双语教学历史比较悠久，经验比较丰富，有比较成熟的教学模式和教学理论。从国外双语教学历史发展的历程来看，主要有过渡、保持与强化三种模式。

目前国内的双语教学模式主要参考以上三种模式进行适当的变动。根据实际情况，因地制宜，否则容易弄巧成拙。在采用双语教学模式时，有以下两个问题值得关注：第一，双语教学是手段，目的是培养学生用外语思考、解决物理问题的能力，不能将双语教学简单地理解为“用外语上课”；第二，双语教学是手段，物理教学是根本，绝不能把物理课“演变”为英语课。

二、电化教学方式

随着科学技术和教学实践的发展，人类对教学手段的意义认识越来越深、应用越来越广，教具制作工艺越来越精良、使用效率也越来越高。从19世纪末起，陆续出现了一些机械的、电动的直观形象传播媒体，最早问世的有照相、幻灯和无声电影等。之后不久，唱机、无线电广播和有声电影相继进入教学领域，形成了声势浩大的视听教育运动。到了20世纪50年代，先进的电子技术成果如电视、录音、录像和早期的电子计算机等作为现代教学手段进入课堂。20世纪80年代的十年间，我国的电化教学发展很快，磁性白板、投影仪、录像带大量涌入高校物理课堂，对传统的教学手段形成了强烈的冲击。这些电子设备大大丰富了课堂教学方式，为教学提供了大量生动的直观感性材料，借以形成了电化教学的概念。主要的电化教学方式包括录音教学、投影幻灯教学及电视录像教学等。

三、网络教学方式

计算机网络技术的兴起标志着人类进入信息化时代。对于物理教学而言，基于计算机网络技术的信息化教学的诞生，具有划时代的意义。信息化教学主要包括基于多媒体计算机的“多媒体模式”和基于Internet的“网络模式”。

“多媒体”指将文字、图形、声音、动画、视频等媒体和信息技术融合在一起而形成的智能化传播媒体。而“网络模式”指利用互联网开展远程教学的模式，突破了课堂对教学的限制。

随着信息技术的飞速发展和教学改革的不断深入，信息化教学作为一种现代化教学手段，很快被引进大学物理教学中，并对以往的教学手段产生了极其强烈的冲击。例如，在今天的高校物理课堂教学中，投影胶片的使用已很少，电视机也换成了电子计算机。物理教育者应当充分认识到信息化教学的先进性与优越性，并对其合理利用，使信息化教学与物理教学科研相结合，为物理教学服务，提高物理教学效率。

第三节　大学物理教学名师的教育思想演变

物理教育史不仅是教学思想的更新、教学手段的换代、教学内容的发展，而且是人类的一种特殊行为的历史。其中的行为人就是物理教育家，是物理教育的实践者。正是因为他们在物理教育这个领域中辛勤地耕耘，不懈地探索，才写下了新时期物理教育的辉煌篇章。

一、Eric Mazur教育思想——互动教学

著名的哈佛大学物理教授Eric Mazur从1984年起就一直带领教学研究队伍研究如何在大学物理教学中引入先进的现代技术。其发明了“同伴教学法”（Peer Instruction，PI），解决了大班教学难以互动的困境，并应用于哈佛大学基础物理课程中。

PI教学法是一种旨在促进课堂互动、加强师生交流、在互动交流中解决重难点的方法。在传统的物理大班课堂教学中，班级人数多，整体性的互动很难

实现。在PI教学法中，教师针对学生对物理概念理解的盲点、误区，精心筛选相关测试题，通过思考作答、交流讨论、再作答的环节，实现生生互动与师生互动、自主性学习与合作探究。

PI教学法的优势在于通过对物理概念的建构，替代以往纯粹性的记忆过程，既包含自主性研究，又兼顾合作性学习。自主性研究主要体现在第一个环节，学生对教师的测试题进行思考，独立完成作答。而在随后的合作性互动交流环节，教师使参与讨论的学生反思自己对物理概念的理解并纠正自己的错误。PI教学法还有一个优点就是每一位学生都可以切身参与学习与讨论的过程，而不再是一个只听教师讲课的被动者，大大增加了学生学习的趣味性。教师的角色也有了转变，从教学的主体变为教学的主导。Eric Mazur教授将Clicker与PI教学模式有效地结合在一起，经过多年的实践探索发现Clicker的应用为研究型、开放型、互动型的课堂教学模式提供了一个有效的平台。美国科罗拉多大学M. K. Smith教授通过具体数据说明了Clicker结合同伴教学法对学生理解和掌握知识起到了积极的作用。

哈佛大学对同伴教学法进行了评测。评测表明同伴教学法相比以往的教学方法，可以使学生更好地理解物理概念，可以使学生真正地参与到课堂学习中，且女生获益较男生更多。PI教学法操作简单，其对原有的课程体系无大的变动，只在题目的设计上合理选择，在课堂时间的安排上合理分配，控制教学的节奏。PI教学法不仅在哈佛大学得到了推广，而且在世界各国都得到了广泛采用，并且卓有成效。

二、赵凯华物理教育思想

赵凯华是知名的物理教育专家，被认为是我国大学物理教育改革的一面旗帜。赵凯华老师的物理教育思想主要可以总结为四个方面。

第一，兴趣是最好的老师。

在提到如何学习物理时，赵老师说，一个人学习的基本动力是理想和志趣，物理的学习也是如此。因此，教学改革的首要目的就是激发学生学习的兴趣。

第二，重视物理教育研究与教学改革。赵凯华老师十分重视大学物理教学改革，为大学物理教育的现代化做出了重要贡献。其在任中国物理学会教学委员会主任时，曾经多次举办研讨会讨论物理教学中的一系列重要课题。主题涉及物理教育的现代化、物理教育与科学素质培养、面对高科技支撑和现代化要求的基础物理教学改革再研究、物理教学创新体系与数字物理教学资源展望等。赵凯华老师对物理教育的关注从思想到方法，从器材到设备，方方面面，对物理教育改革具有重要的意义。

第三，重视教学内容的现代化。赵凯华老师曾于1991年出版了《定性与半定量物理学》一书，书中内容来源于之前发表在《大学物理》上的27篇论文，主要阐述“定性与半定量物理学”。赵凯华老师用生动活泼的语言、经典的物理知识巧妙地与现代物理前沿课题结合起来，运用物理学的思想方法探索丰富多彩的自然界，使读者读起来趣味盎然。该书荣获国家教委第三届高等学校优秀教材一等奖，引起了教育工作者对物理教材内容现代化的广泛关注。自此物理教材内容开始了不断的改革，对国内高校物理教育产生了积极的影响。

第四，重视基本功的训练。赵凯华老师指出，物理是一门严谨的科学，对物理学基本概念、基本原理、基本技能的训练与掌握是我国物理教学的优点。素质教育不是流于形式的走马观花，如果放弃对基本功的训练而空喊素质教育的口号，就等于舍本逐末。无论采用什么样的教学方式，都应该重视基本功的训练。

三、卢德馨物理教育思想

卢德馨教授于1940年9月出生，浙江人，1959年9月—1964年7月于南京大学物理系学习，后留校任教，长期从事理论物理和基础物理的研究与教学。经过近20年的探索和实践，卢德馨教授所倡导的研究性教学成为物理教学改革中提高教学质量的经典教学模式。其本人也于2003年获得全国第一届高校教学名师奖。对卢德馨教授的教育思想进行分析，有助于拓展教育教学改革的思路。

第一，以提高教学质量为己任。新时期以来，提高教学质量已经成为全球性的教改目标。自20世纪90年代以来，教育部推出了一系列旨在提高本科教学质量的措施，尤其是基础课的教学质量，由此可见国家对基础课的重视。

针对本科教育的政府文件中，第一次明文采用“研究性教学”一词，出现在教育部2005年1月颁布的文件《关于进一步加强高等学校本科教学工作的若干意见》（以下简称《意见》），《意见》指出，要大力推广研究性教学、讨论式教学，以及合作学习的模式，提高大学生的自主性学习能力和独立开展研究的能力。这标志着研究性教学已经成为我国官方提高本科教育教学质量的基本方案之一。此时距离卢德馨教授开展研究型教学的时间已经近20年。

尽管有了卢德馨教授研究性教学的成功案例，但是，研究性教学的实施仍然很困难。这些现实的困难主要有以下几点：其一，研究性教学研究什么？大学物理课为成熟的基础课，而近代经典物理的教学内容经历了长期的完善，这些还有什么需要研究的呢？其二，基础课的普遍特征是内容多、课时少，完成教学任务尚且不能游刃有余，还如何开展研究性教学呢？其三，学生普遍对基础课没有兴趣，不愿意多花时间去学习基础课，应该怎么计算学生的成绩，怎么计算教师的工作量呢？由此可见教改之难，提高教学质量之难。

对此，卢德馨教授的回答是，提高教学质量是教师义不容辞的职责。科学必然是发展的，这已经被科学史上经典物理学危机事件所证明，因此也应该用发展的眼光看待教学。教师如果在教学中故步自封、自以为是，那么就等于作茧自缚，注定是难以在教改中取得开创性进步的。

第二，以主动研究代替被动接受——研究性。1985年，在《热力学与统计物理》的课堂教学上，卢德馨教授的课堂教学方法就体现了研究性教学思想。在学习国外研究型教学、问题式教学和探究式教学的基础上，卢德馨教授根据教学的实际情况，推出了研究性教学。其在教学的全过程都力图体现“研究性”这一宗旨，即体现知识的获得过程，体现发现科学真理的认识过程，使教学过程体现探索性。

第三，思维的培养远比知识的传授重要——集成教学。卢德馨教授的研究性教学模式的重点体现在研究内容的改革上，即集成教学。用物理思想来选取统筹知识点是集成教学的要点，而集成教学的层次就体现在表达什么样的物理思想以及怎样选取知识点来表达。

卢德馨教授认为不应以知识点的多寡作为内容优劣的依据，关键是要通过知识点的整合表达物理思想。但是如果仅仅将原有的知识点重组，是远远不够的。只有以科学素养和科学思维的培养为旨归，才能不拘泥于知识点的深度和广度。例如，教师可以通过穆斯堡尔效应的集成教学，通过共振吸收中可能与不可能之间的转化，来表明事物的量变很重要这一物理思想。学生在学习教材中的知识时，很难体会到这些物理思想，即使所学的知识忘记了，这些思想也会在其大脑中沉淀下来，使之受益终身。卢德馨教授充分考虑到当前学科间的综合、交叉趋势，将其他学科知识整合归入物理知识体系内。在《大学物理》课程中，很多其他学科的相关知识点都被成功整合归入物理学的案例中。

卢德馨教授把知识点划分为分散知识点与可集成教学两个部分。分散知识点这一内容可安排学生自学，而集成教学案例则对学生进行研究性教学，对这些集成教学案例进行研究就是对科研课题进行研究，就是使学生体验科研的过程，就是感受发现知识的过程。

第四，把握研究性教学的关键性一环——习题的重要性。习题是教学内容的重要组成部分。之前教育环境的长期熏陶使学生形成了很多根深蒂固的潜意识。例如，题目都会有答案，标准答案教师全知道，题目条件也刚好用完等。题目类型的固定，已经成为固定学生思维方式的障碍物。在研究性学习的环境下，卢德馨教授竭力转变这种观念，让学生们意识到，题目本身可能条件不足，给出的条件也可能是误导的，现实问题未必有现成解，有的题可以有多种解等。

因此，其鼓励学生在研究性学习中、在做题中学会运用“解题者的权利”：要怀疑题目是否合理；对题目进行必需的赋值以使结果变化或者扩展，做习题不再像应试教育下以求得答案为目的，应研究条件的合理性，研究结果的存在性等。一道习题即是一次研究性的案例。

第五，研究性学习是无所不在的——开放性。研究性教学的前期需要付出很多。卢德馨教授强调，教授物理学和教授物理课本是截然不同的两个概念。因此，“一本书主义”限制了学生学习的视野，束缚了学生研究探索的积极性，这本身就与研究性教学相违背。学习无处不在。因此他开发了大量的、供学生研究性学习的资源，还列出了56种参考书，200多种覆盖各种层次的参考文献。

第三章 大学物理的学习心理分析

第一节 学习理论简介

学习理论是心理学的一个分支学科。其研究内容包括学习规律和学习条件，研究对象是人类与动物的行为特征和认知心理过程。学习理论是一门应用学科，是教育心理学的核心组成部分，对学校教育实践有着直接且重要的指导作用。

综观学习理论的发展史，由于各人的观点、视野和研究的方法不尽相同，形成了学习理论的不同流派。但迄今为止还没有形成一种统一的、综合的、被人们公认的学习理论。每一种学习理论的产生都是和特定的历史紧密联系在一起的，都是和具体知识的学习分不开的。所以，就学习理论而言，没有适用于所有知识的大统一的理论，而每一种新理论是前一种理论的发展。另外，即便是“过时”的理论也有其能够应用的知识范畴。这就要求教师在学习理论时，应在掌握各个流派的同时对学习理论进行辩证的对待。

在研究学习理论之前，教师应对学习这一概念进行充分的认识。心理学界对学习的解释众说纷纭，每一个流派都给学习下了一个定义。归纳起来，其大致可以分为三类：①学习是指刺激与反应之间联结的加强（行为主义）；②学习指认知结构的改变（认知学派）；③学习指自我概念的变化（人本主义）。根据上述不同的观点，施良方教授给学习下了一个比较完整的定义：学习指学习者因经验而引起的行为、能力和心理倾向比较持久的变化。这些变化不是因成熟、疾病或药物引起的，也不一定有外显的行为。

而笔者认为，学习有广义与狭义之分。施良方教授所下的定义属广义的学习，狭义的学习指学生在教育环境中的学习，与广义的学习的主要区别在于狭义的学习是在教师指导下有目的、有计划、有组织地进行的，是按照教育目标改变学生行为的过程，是一种有特定学习内容的特殊的活动过程。本节所介绍的学习理论主要是针对狭义的学习概念而言的。

一、学习理论简介

最早对学习进行实验研究的心理学家是德国的艾宾浩斯（Ebbinghaus，1885），他主要从事人类语文学习的研究。最早对动物进行学习实验研究的是美国的桑代克（Thorndike，1898）。而中国对心理学研究及学习理论的研究起步较晚，也没有形成流派。经过近百年的发展，由于众多心理学家从不同的视角，用不同的方法，对不同的问题感兴趣，因而形成了众多的流派。可以简单地将其划分为行为主义学习论与认知学习论。若要做进一步详细的划分又可将其划分为联结学习理论（或称刺激—反应学习理论）、认知学习理论、联结—认知学习理论、人本主义学习理论、建构主义学习理论等。而人本主义学习理论和建构主义学习理论是新型的学习理论，正处于发展完善阶段。

1.人本主义学习理论

人本主义学习理论一路依托着以美国心理学先驱人物马斯洛和罗杰斯为代表的人本主义心理学逐步发展起来。人本主义从心理学的角度出发，主张人是一个整体，对人的研究也应该从整体出发。基于正常的个体，综合个体完整的心理情况，应将更多的注意力置于个体的人格、信念、尊严和热情等高级的心理活动中。因此，人本主义学习理论通过“全人教育”的角度，透视学习者的成长历程，关注人性的发展；主张引导学习者结合自身认知和已有经验，挖掘潜在创造力，通过对自我的肯定，实现自我价值。人本主义心理学作为心理学界的第三势力，不同于精神分析，更与行为主义大相径庭，倾向于依据人的主观知觉和直接感受洞悉人的心理，更在意人格和天性、理想和追求。它认为一切为了实现自我价值而进行的创造对人的行为具有决定性影响。人本主义心理学家主张通过改变个体的信念情感来改变其行为，而要理解其行为，就必须要理解个体对世界的认知，也就是要从行为者的视角去认知事物。他们批评行为主义把人类与一般动物混为一谈，因为人类是有别于普通动物的高等生命，两者的特性有本质的区别。相较于行为主义，认知心理学侧重人的认知架构，弱化了人在学习过程中本能情感态度及价值观的重要性，而这些恰恰又是最具人类特性的方面。人本主义心理学在教育上的意义是不主张客观地判定教师应教授学生什么知识，而是主张从学生的主观需求着眼，帮助学生学习其喜欢且认为有意义的知识。人本主义支持者通过剖析学习者的认知水平、情感高度以及信念强度等，从学习者内心世界中寻找个体习得差异的重要原因。所以在创设利于学习者快速进入学习状态的情境时，需要基于“以学生为中心”的原则，这便影响了人本主义学习理论的研究方向。罗杰斯认为，人类具有天生的学习愿望和潜能，这是一种值得信赖的心理倾向，其可以在合适的条件下释放出来；当学生了解到学习内容与自身需要有关时，学习的积极性最容易被激发，在一种具有心理安全感的环境下可以更好地学习。罗杰斯还认为教师不应直接向学生传输知识，而应给学生提供利于学习的手段，对于学习过程如何进行则由学生自主决定并操作，教师在其中扮演的是促进学生学习的引导者。

其一，人本主义学习理论认为学习的过程并不是简单的机械刺激与反应联结的叠加，而应该是一个有意义的学习心理过程，这是影响个体自主学习的重要因素。假设两个生活经验不同的人，对同一事物的感知是不同的，那么其对所感知事物的阐述自然也是不一致的，所以对事物的反应或者事件的应对也不同。当需要了解学习者的学习过程时，教师单纯了解学习者学习的外部因素显然是不完整的，还需要了解学习者受到外部因素刺激的反应。若从学习动机的角度看，人类本身是具有自主学习倾向本能的，并且具备个体不一的潜在学习力。辩证唯物论的反映论认为，人对客观世界的认识是以客观世界在人头脑中的主观映像为基础的认识，而并非由自己的主观世界来决定客观世界。罗杰斯关注的认知主观能动性，相较于辩证唯物论、能动反映论对认知的解释是完全不同的。他认为人类的学习过程是自主自发的，依据个人需求的，且带有选择性的。人本主义学习理论的学习观强调学习者应预设学习目标，主观选择和实施学习行为，并由此实现自我价值。因此，罗杰斯主张“以学生为中心”进行教学，而教师的任务则是为学习者创设有利于充分发挥学生个体潜力的学习情境，提高学生应对学习过程中阻碍和困境的能力，并促成学生正确认知自我。切忌使用统一的规则给学生设置条条框框，这不仅限制了学生的学习力，还打击了学生创造力的发挥。学习是需要耗费时间和精力的过程，所以这个过程不应该是机械的、乏味的，不应该是充斥着强迫、批评甚至惩罚的，而是需要被调整到一种和谐、舒适的状态，应让学习者感到学习的愉悦，从而提高学习效率。

其二，人类学习是主动的、自觉的，是学习者潜在学习能力的发挥。人类社会教育环境和生活实践经验对学习者的主观能动性有非常重要的影响。当然，在实际教学中，在尊重学生主观能动性的前提下，也可以适当采用奖惩措施，能起到一定的鼓励和督促作用。如若完全放任对学生的基本约束和规范，那么教学因此会陷入不可控境地。

其三，人的学习是对自身有意义的活动，而整个实施过程中最有价值的是学会怎样有效提升自己的学习和创造能力。就学习内容而言，被个体判定为有兴趣或有价值的学习内容和技能通常更容易为学习者接受，反之，个体会有学习障碍，或无趣或机械地进行知识单向输入，无法进行很好的内化和吸收。例如，有些教学内容若刺激到学习者原有的学习架构，冲击其认知和兴趣，则有可能出现学习者抗拒学习此项内容的情况。因此，教师在进行教学时需要充分了解学生的学情，以尊重个体自主发展、实现自我价值为前提，在教学内容的安排上结合学生的兴趣爱好，做出调整和优化。尽可能在各个教学环节的设置和安排上下功夫，在学科教学要求允许的范围内，运用恰当的教学手段和方法，还给学生足够的学习自由，尽量去除不必要、不适合的事项。当然，教育教学中的自由也是相对而言的，绝对的自由容易让学习者避重就轻，影响学习态度。学习一个艰苦的过程，不劳而获的学习定是“空中楼阁”，不会有实际意义。不是所有学习内容都是贴合学生的兴趣爱好的，有价值的学习内容经得起时间的考验和实际生活的检验，所以学习的自由要以接受当前学段要求的必修学习内容为前提，如此才能在系统掌握学习内容和技能的同时，让自身得到更好的提升。罗杰斯认为学习要在“做”中学。所学知识中有些内容并不是通过现有知识直接获得的，而是通过实际操作、实践活动获得的。学生在实践活动中可以自主操作和创造、自我认知和评价，在这一过程中获取有意义的方法和经验，结合自身特点，将其转化为自己的知识和技能，指引今后的学习和生活。这种讲求以固化实际技能为根本的学习观点和精神是最靠谱、最有效的。它可以不断提高学习者的耐挫力，同时加强学习者应对未知变化的能力。理论联系实际强调实践活动的重要性，也不否认理论知识的重要地位，两者相互联系、互为根本。

2.建构主义学习理论

（1）知识观。建构主义强调知识并不是一成不变的，只是在特定的社会背景下的一种假设，并不是问题的最终答案，知识是随着社会的进步不断或者扩大范围与条件的。知识与个体认知水平和原有经验具有密切联系，知识没有绝对的对错，不同的人对知识有不同的理解，人们所学的知识只不过是在当前历史背景下的一种假设和猜想，只不过是言语符号的一种表征，是帮助人们理解问题的，但并不是唯一的答案，所以建构主义更注重知识建构的经验、历程和认知者的认知角度等，是认知者利用原有的经验对问题做出合理解释和假设的过程。

（2）学生观。建构主义学生观注重学生原有的认知经验。学生利用原有的经验不断同化和顺应新的知识。皮亚杰认为学生对知识和周围的世界有一个认知的图式，当学生能利用已有的经验来吸收新的知识时，就形成了一种平衡状态，当学生利用原有的经验不能同化新的知识时，就破坏了这种平衡，学生通过调整和完善原有的认知图式加大了对知识认识的深度和广度，建立了新的平衡。建构主义学生观强调学生内部心理认知建构的积极性和主动性，反对传统教学过程中学生对知识的机械记忆，注重学生对知识的理解和主动探索。

（3）学习观。建构主义不像客观主义者那般对知识充满“膜拜”，相反，他们对知识的神圣性、绝对性、权威性提出了疑问，从“绝对”到“相对”做了大幅度的调整和转向。建构主义者强调，不同的人由于原有经验不同，对同一种事物会有不同的理解。学习不是由教师对学生进行灌输，而是学生主动学习建构的过程，即通过已有经验和新知识进行相互作用和改组的过程。其有三个主要特征。

第一，主动建构性建构包括两个方面：一是对新知识的建构；二是对原有经验的改造和组织。这类似于皮亚杰提出的同化顺应理论，当学生接受陌生知识时，首先通过原认知建构吸收，如果不能将知识顺利同化就会将其改组，加大加深对这个知识的理解。

第二，活动情境性建构主义强调，知识是通过一定的社会实践获得的，学习应处于一个真实有效的情境当中。运用恰当的情境，可以使抽象的问题具体化、形象化，使学生对知识形成感性认识，从而真正理解知识。

第三，社会互动性有两个层面的内容：其一，最早提出社会性概念的是苏联教育心理学家维果茨基，他强调在认知过程中学习所处的社会文化历史背景的作用，因为知识只是在当代社会背景下对问题的一种假设，并不是最终答案，它是随着社会的进步不断重组和完善的，所以知识的社会性具有重要意义；其二，互动性强调在知识的获得过程中，学生之间的交流、合作、协商的重要意义。

二、物理学习系统

物理学习是学生与物理环境相互作用产生的某些有关的行为或行为潜力的比较持久的变化。物理学习系统主要由相互作用和相互联系的学习者、物理学习内容的物质载体和学习组控者三个要素组成。

物理学习内容应包括物理知识（理论知识和实验基础）、物理学方法、物理观念、物理知识结构、物理应用、物理技能六个方面。人们把物理学习内容的表现形式称为物理学习内容的物质载体。物理学习内容的物质载体除了书籍、语言以及有关的声像材料以外，还有物理实验、模型、图标以及用来进行物理实验的设备等。

物理教师和教科书编者、学习者本身都是学习组控者，但他们的作用方式不尽相同。教师通常直接对学习活动起组控作用；教科书编者则通过教科书或教师间接地起作用；学习者本身对学习具有一定的组控作用，并且这种作用随着学习者的经验和学习能力的增长而增长。

物理学习系统是一种复杂的、动态的开放系统。与该系统运行有关的因素还有物理学习目标、物理学习材料、物理学习条件、物理学习方法以及学习者的状况等，它们的共同作用决定着系统的运行情况和状态的改变。而且物理学习活动既是复杂的认知过程又是复杂的心理过程、行为过程。总之，对物理学习的深入探究，需要从多种角度全面地进行分析。

第二节　大学物理学习的心理机制

机制指事物的有机联系和运行系统。对物理学科进行学习是物理知识、学生、教师、家长、学校环境等因素共同作用的结果。这些因素构成了一个系统，同时，这些因素本身又是一个系统。系统内部和系统间都是互相联系的，每一个系统的状态及在互相作用中的表现都会直接或间接地影响物理学习的效果。在这些因素中，学生是最直接的因素，是内因。其他因素可以看作环境，是外因，外因是通过内因而起作用的。而学习的过程是心理的过程，所以研究物理学习的心理机制是十分必要的。

研究物理学习的心理机制对物理课程标准中的探究式学习十分重要。只有弄清物理学习的心理机制，才能理解探究式学习的意义，才能更好地开展探究式学习。物理学习不仅是学习物理知识，还包括学习物理观念、物理学方法、物理技能、科学态度和科学精神等。但是，教师必须意识到学生是在掌握物理知识的过程中发展能力，并在此过程中学会学习和形成正确的情感态度和价值观的，正所谓“思维之心只能寓于知识之体”，离开具体的物理知识而空谈物理方法、物理观念是毫无意义的。学习过程是认知过程和情感、意志过程的辩证统一。但认知是学习的核心，认知学习终究是各类学习的基础，学习活动始终离不开认知活动。鉴于以上两个原因，教师探究物理学习系统的心理机制，需围绕认知过程这个中心展开。

物理学习系统包括三个相互联系、相互影响的子系统，即物理学习的动力系统、操作系统和控制系统，下面笔者就从这三个方面分析物理学习的心理机制。

（1）物理学习的动力系统是负责物理学习的始动、维持和持续的系统。物理学习动力系统的心理机制是物理学习动机。社会、教育条件、家长教师的期望是影响物理学习动机形成的外部因素，学习者的知识经验和发展水平以及个性特点则是影响物理学习动机形成的内部条件，而物理学习动机的形成是二者相互作用的共同结果。

（2）物理学习的操作系统是负责信息知识的接收、加工、贮存、输出等具体实质性学习职能的系统，即所谓物理认知系统。认知心理学认为，人类学习的认知操作实质是认知结构的组织和重新组织。可以认为物理学习的实质就是物理认知结构的组织和重新组织。所谓物理认知结构，就是学生头脑中的物理知识结构，是学生关于物理世界的观念的内容和组织。物理认知结构既反映了学生个体掌握了哪些物理学习内容，又反映了这些内容在头脑中是如何组织起来的。从认知的角度来看，物理学习过程是学生个体的物理认知结构与物理环境相互作用的过程，也是学生个体的物理认知结构不断发生变化的过程。而物理学习的认知系统直接影响和控制着物理认知结构的完善和变化。

物理学习的认知操作系统包含三个心理机制，即选择机制、建构机制和应用机制。

①选择机制。人脑不同于电脑，输入什么就接受什么，呈现多少信息，就注意多少。注意是学习活动的引导者，它使学习活动处于积极状态。因此，可以说物理学习是从有选择的注意开始的。物理学习的选择机制除了受外界物理信息刺激物特点的影响外，还受学生主观状态某些心理因素的影响。第一，学生在其物理学习目标的指引下决定对刺激物保留什么，舍弃什么。第二，学生的物理学习兴趣、情感、意志及思维方式也是制约选择的重要因素。对物理感兴趣且具有良好思维的学生接受外界物理信息刺激更为有效。第三，学习者原有的物理认知结构是决定选择的基础因素。学习者在学习新的物理知识时都有一种与自己以前原有的经验和旧知识相联系、相对照的倾向。原有物理认知结构中的旧知识经验是一把“双刃剑”，它既有以此为基础选择接纳新知识的作

用，也有以此为依据排斥新知识的作用。

②建构机制。这是认知系统中核心的机制，是直接完成对物理知识的理解，实现物理认知结构变化的程序和步骤。认知的建构过程大致可归纳为三个步骤：第一步，感知物理现象。在物理学习中，感性认识主要来源于生活经验、观察、实验以及以听讲、阅读为形式的对教材的感知。感性认识是物理思维的材料，是理解物理理论的基础。如果没有足够的、能够把有关的物理现象及其联系鲜明地展示出来的实验，或学生日常生活中所熟悉的、曾经亲身感受过的示例做基础，学生就很难理解物理知识的来龙去脉及物理意义等，从而影响物理学习的效果。例如，在学习电磁感应定律时，学生如果没有亲眼看到有关的实验现象，那么很难理解和运用这一规律；第二步，回忆并检索记忆中与所学物理知识相关的旧知识，并通过对照比较，使新旧知识间建立起逻辑联系，从而理解新知识的意义。例如，在学习磁场时，多数学生会自觉地把它与电场部分的知识内容联系起来。这一步是为了在头脑中真正理解新的物理知识的意义，而理解的实质就是使新旧知识间建立起逻辑联系；第三步，为理解的新知识在物理认知结构中“定位归档”。“定位归档”不外乎两种情况：一种是把新学的物理知识整合到原有认知结构的模式中，使认知结构得到丰富和扩展，但并不改变原有的认知结构框架；另一种则是使原有认知结构框架发生改变，经过调整，将其整合成新的认知框架。前者叫作“同化”，后者叫作“顺应”。例如，在学生认知结构中已经有了相互并列的三个气体实验定律（玻马定律、查理定律和盖-吕萨克定律）的基础上，再学习理想气体的状态方程（包括三个实验定律），由三个实验定律到掌握理想气体的状态方程，认知结构框架须更新，增加一个包括性更高的层次。又如，在学习了力的一般概念的基础上学习重力，只要把重力的概念纳入力的概念即可，认知结构总的框架并未改变。实际上，建构过程的实质就是物理认知结构的组织和重新组织，或充实完善性的“同化”，或整合重建性的“顺应”。

③应用机制。物理认知结构重建后，物理学习的思维加工还没有停止，还需要应用机制。对学习者而言，需要通过运用新学的物理知识解决具体的物理问题，从而达到对新知识的理解、验证和巩固。解决物理问题能够巩固、深化、活化认知结构中的已用知识，并有可能进一步丰富物理认知结构的内容。经过应用检验正确的物理知识，便在心理上得到了肯定和巩固；错误的物理知识，则再回头审视建构环节，重新建构。应用环节是物理认知系统中的实践环节，既需要以物理思维为核心以及各种智力因素综合作用，又需要非智力因素参与，同时也离不开物理实验、实践的动手操作。

（3）学习的控制系统是学习的指挥系统，它控制着整个学习行为，作用于学习过程的始终。学习的控制系统包括两个机制，即计划机制和评价机制。

①计划机制。“凡事预则立”。观念之于实践的“先导”作用，体现在预期的计划上。例如，当学习物理时，选择什么样的学习方法，是背诵物理定律还是在理解的基础上记忆，按照什么样的学习程序和步骤，先学什么后学什么，等等，这些都属于计划范畴。与计划密切相关的心理因素是元认知。元认知就是认知的认知，元认知的作用是对学习主体自己的学习行为进行“自我控制”，伴随认知活动对认知进行计划、指挥、监视和调节。

②评价机制。无论认知操作的选择机制、建构机制还是应用机制以及每一机制的具体运作步骤，都必须通过评价机制将评价结果及时地反馈。学习主体根据反馈的情况对学习行为进行及时调控，将符合学习目的的进行肯定，不符合的进行矫正，有距离的进行弥补。例如，某学生期末考试物理成绩明显下降或错误都集中在某个物理规律上，这些“反馈信息”将引发他的自我反思，促使其找出出错的原因，进而制订学习计划，采取行动予以补救。缺少评价机制或没有反馈信息，学生不可能找到问题的症结，从而无法有效调解和促进物理学习。

综上所述，通过对物理学习系统中三个子系统的分析，不难看出，学习的动力系统是学习实践产生的内在根源。没有或缺乏物理动机，物理学习将难以产生，即使产生了也难以维持；物理学习的核心是物理认知系统，没有认知的选择、建构和应用，便无法做到对物理新知识的理解和内化，物理学习也将无法取得实质的成效；学习的控制系统是物理学习的统帅，无论物理学习动力系统还是物理认知系统都要接受学习控制系统的指挥和调控，没有或缺乏学习的计划和评价，学习注定是无序且无效的。

第三节　大学物理学习困难分析

一、物理学习困难的含义

物理学习困难的界定，不仅应体现“物理难学”的特殊性，还应体现“物理难学”的普遍性。物理学习困难指智力正常的学生物理学习成效低下，不能适应物理学习要求的状态。要理解该部分所指物理学习困难的含义，应把握以下四点。

（1）学生在物理学习过程中遇到的困难，不是智力落后、疾病影响、生活压力因素造成的。物理学习困难的学生智力正常，虽然物理成绩落后或学习成效低下，但从智力潜能预测上分析，物理学业成绩可以提高。至于智力明显落后而造成的物理学习困难不属于该部分物理学习困难的研究范畴。

（2）物理学习困难指物理学习进行过程中某一阶段的状态，而不是依据最终阶段的结果做出的判断。因此，物理学习困难是可逆的或基本可逆的，即通过教师的指导和学生的努力，物理学习困难的状态可以转化。

（3）物理学习困难具有学科倾向性。也就是说，物理学习困难的学生对数学、化学、语文、英语等其他学科的学习可能适应良好。当然，有的学生可能在各科的学习中均表现出不适应，是成绩低下的“全面学习困难”。这种“全面学习困难”往往与家庭、学校教育、社会因素密切相关，而与物理学科因素、物理教学的独特性以及物理思维特点、物理品质因素无直接关联，也不在该部分的研究范围内。

（4）物理学习困难的程度不等，成因不一。有特定章节、特定物理概念的学习困难，也有特定时期的学习困难。

根据“物理难学”的普遍性和特殊性，人们把物理学习困难分为群体性物理学习困难和个体性物理学习困难。

所谓群体性物理学习困难指大多数学生在物理学习的特定阶段或特定章节，感到物理难学，从而出现大面积的学习成绩下降或分化的现象。例如，初二学生物理学习的分化现象，以及高一物理学习的台阶现象，都属于群体性物理学习困难的研究范畴。

所谓个体性物理学习困难是针对物理学习困难的学生或物理学习中的后进生而言的，即那些智力发展正常，但因没有充分发挥自己的智力因素而不能达到最低的物理学习标准，物理学习效率低下，物理成绩长期落后的学生个体的物理学习状态。

二、物理学习困难的因素分析

（一）物理学科因素

物理学习困难首先源于物理学习内容的特殊性。物理学的主要特点是，它是一门以实验为基础的科学，是一门严密的理论科学，是一门定量的精密科学，是一门带有方法论性质的科学。物理学的这些特点必然要反映到物理学习中，使物理学习带有如下特点：观察和实验是物理学习的基础；形成物理概念、掌握物理规律、建立物理观念是物理学习的核心；数学是物理学习的语言和工具，科学方法是物理学习的手段和桥梁。因此，我们从观察和实验获得感性认识，构建物理理论，运用数学工具，掌握科学方法的角度分析诱发物理学习困难的物理学科因素，这些因素正是造成群体性物理学习困难的直接原因。

1.观察和实验获得感性认识的难度

物理学是以实验为基础的科学。物理实验是获得物理现象的手段，具有可控性和可重复性。而物理现象既是物理理论的基础，又是最后检验理论正确与否的标准。物理学习离不开观察和实验，离不开物理现象。

2.构建物理理论的难度

物理学以基本概念为基石，以基本规律为核心，以基本观念和方法为纽带，这些构成了物理学的学科结构。学好物理，必须掌握物理概念、物理规律、物理观念和方法。但它们本身的某些特点，增加了学习物理的难度。具体表现在以下几方面：物理概念的关联性增加了物理学习的难度；物理理论的近似性增加了物理学习的难度；物理理论的局限性增加了物理学习的难度；物理学习结构的有限性增加了物理学习的难度；物理观念的变革增加了学习的难度。

3.运用数学工具的难度

关于物理问题的研究不仅是定性的，而且是定量的。物理学是数学化程度很高的科学。物理概念、定律的表述，实验数据的处理，物理理论的推导证明和系统化，都是用明确定义的、用严格规则的形式化的数学语言来进行的。在物理学习中不可避免地要进行大量运算和推导。然而爱因斯坦说：“在建立一个物理学理论时，基本观念起着最主要的作用。物理书中充满了复杂的数学公式，但是所有的物理学理论都起源于思维与观念，而不是公式。”可见，物理观念比数学工具更为根本。用纯数学观念来思考处理物理问题，必将发生数学学习对物理学习的负迁移。例如，密度公式$\rho=m/V$，学生从纯数学的角度考虑，得出物理的密度与物体的质量成正比，这导致数学推理上的“正确”，物理实质的错误。

4.掌握科学方法的难度

科学方法是物理学习的有效手段，能够引导学生沿着正确的反映途径前进。一方面，它在总的方向上，在认识的一般程序上，指出了学生该如何对物理知识进行认识；另一方面，它在所提供的认识步骤上，又从原则上指出了学生该如何进行思考。学生一旦掌握了科学方法这个工具，不仅可以顺利地对物理知识进行认识，加深对物理知识的理解，还可以在科学知识不断更新的挑战中，自觉、灵活地运用科学方法进行发现、发明和创新。然而科学方法的获得和掌握并不是一帆风顺的。

（1）科学方法的隐含性增加了获得的难度。科学方法的学习比具体物理知识的学习要难。它不是一次教学就能让学生理解和掌握的，而且通常以分散的形式隐含在知识的表述中。例如，物理概念和规律几乎是建立在理想模型的基础上的。建立物理概念和规律要运用理想化方法，但课本上几乎没有对理想化方法的论述。

（2）科学方法的灵活性增加了掌握的难度。科学方法的灵活性表现为同一个问题可以有多种解决方法。面对一个具体的问题，如何合理选择并灵活运用科学方法，不是知道某些科学方法的含义就可以做到的。科学方法只有在运用中才能发挥作用。

（二）学校教育因素

学校教育因素有宏观和微观两个方面。宏观方面指国家的教育政策和制度，如物理课程教材的制定、考试评价等。微观方面指教师的具体教育活动。虽然微观受宏观方面的制约，但对该部分研究的物理学习困难而言，微观比宏观方面的影响更为直接，并且它们都是导致群体性物理学习困难的重要原因。

1.宏观方面

（1）物理教材的因素。首先，当前所采用的物理教材与学生认知发展规律并非完全契合。许多学生都可以轻易“看懂”如今的物理教材，所以这似乎并非学生物理学习困难的一大因素。然而在我国的物理教学研究专家看来，高中的物理课程与大学的物理之间有极大的差距，因此学生从高中迈向大学之后，在学习物理时就遇到了一节难以跨越的“台阶”。其次，“圣经式”的物理教材渗透着错误的科学观念。教材所强调的只有物理知识的完整性、学术性与逻辑性，而忽视了将物理知识的发展性以及科学发现的实际过程反映出来。这导致学生认为书中的物理理论表述的都是完美的科学、不可置疑的知识。教材对学生来说，无异于一个发布权威知识的载体，这导致学生甚至一些教师都认为只要掌握和理解了教材中的内容便足够了，但这种想法非常不利于学生发挥主观能动性，对学生的创新思维与怀疑精神有所束缚。最后，科学方法的具体运用并未真正体现在物理教材当中。如今的物理教科书，尤其是高中阶段的教材，呈现出重结论、轻方法、轻过程的特点，整体以知识为主，这使得学生几乎没有机会进行相应的思维活动，更不必说从中认识与体验那些科学探究方法了。

（2）评价因素。考试是学校教育评价的一种重要方式。受长期“应试教育”的影响，考试仍发挥着“指挥棒”的导向作用，考试成绩仍是“最有效”的评价尺度。中考、高考的物理试题的导向性决定了物理教学的走向，这仍是无法抗拒的事实。在这样的教育评价和社会评价的大背景下，有些物理教师片面追求升学率，盲目将教学内容加深加难，这种深、难、急的教学要求，严重阻碍了学生对物理基本知识的学习和基本技能的训练，造成物理学习的人为困难。这样的评价方式，也致使多数学生只关注物理知识的学习，忽视物理实践能力的提高，造成物理实践能力差。更为严重的是，由于考试结果的反馈不注重保护学生的自尊心，过低的物理成绩及其排序将严重打击部分学生的物理学习信心和积极性，在学习物理时伴随着消极的情感体验，从而影响了其物理学习的成效。

2.微观方面

微观方面指教师的具体教育活动。在物理教学中，不当的教育方式、方法均可能是产生物理学习困难的原因。

（1）重理论，轻实验。这是学生观察和实验能力差的主要原因。

（2）重结论，轻过程。通过分析学生在解决物理问题的过程中的错误发现，多数出错原因是学生机械地生搬硬套学过的公式和结论，缺乏对物理过程的分析。

（3）重“难”轻“基”。重“难”轻“基”的题海战术是一种低效的、得不偿失的方法，会给物理教学带来深远的消极影响。

除教学方法不当，造成人为的物理学习困难以外，教师对在物理学习中不适应或有困难的学生漠不关心也是一个重要因素。教师不能及时发现学生在物理学习过程中的障碍和问题并加以弥补，使学生的问题越积越多，进入了“恶性循环”。更有甚者，对物理学习困难的学生采取训斥批评的态度，给学生带来烦闷、失败之感，致使物理学习成了机械、被动、盲目的活动。

（三）家庭环境因素

物理学习困难，特别是个体性物理学习困难，属于学习困难研究的范畴。物理学习困难有其学科特殊性的影响，它的研究外延比学习困难的范围要小。研究表明，家庭因素是学习困难产生的重要原因，其中家庭的教育方式、家长的期望是主要因素，其他家庭因素如家庭的文化背景、经济背景为次要因素，但在某些家庭中可能是主要因素。而且不同的家庭教育方式对应的学习心理问题发生率不同。一般来说，家庭因素通过学生的学习态度、学习习惯等间接地影响物理学习。它是“全面的学习困难”的成因的重要因素，但对物理学习困难的形成的影响较微弱或者说较次要。

第四节　心理学效应在大学物理教学中的应用

教师面对的是有思想的学生，给他们传授知识，对他们进行教育。物理教师如果能够巧妙利用心理学效应，“润物细无声”地对学生进行渗透教育，那么将赢得更多学生发自内心的尊重和信任，有利于构建和谐、融洽的师生关系，有利于激发学生学习物理的兴趣，有利于有效课堂的落实。著名心理学家埃姆斯威勒等人做过如下实验：在某大学校园里，他们向学生索要一角钱打电话，当他们的穿衣风格和言谈举止与被征求学生相近时，答应他们请求的学生超过了所求学生的数目；当他们的穿衣风格和言谈举止与被征求的学生不同时，只有不到1%的人提供了帮助。

一、晕轮效应

晕轮效应又被称为“光环作用”。教师可以通过这种效应为学生留下一个美好的第一印象。晕轮效应是在20世纪20年代由美国的心理学家爱德华·桑戴克（Edward Lee Thorndike）提出的。这位心理学家认为，人们在判断和认识一个人时，通常会从局部开始，逐渐扩散形成一个整体印象，也就是说人们经常会以偏概全。当一个人被其他人标为好人时，他就被笼罩在一种积极肯定的光环当中，会被赋予各种优秀的品质；若一个人被他人标为坏人时，他就会笼罩在一个消极否定的氛围里，被赋予各种低劣品质。所以当物理教师接手一个班级时，一定要为第一节物理课做好充分准备，准备合适的穿着，注意仪表，让学生感受到教师的教学魅力，从而为学生留下一个良好的第一印象，让学生相信教师可以带领他们学好物理。物理教师要精心设计绪论课，让学生认识到物理的魅力，领略其博大精深，了解其在生活中的具体应用，从而更加积极主动地学习物理。除此之外，在设计开学阶段的物理课程时，教师要尽量以简单、易懂、轻松、愉悦为主，提升学生的学习信心和学习兴趣，降低高中与大学之间在物理学习上的"落差"，为学生打牢基础，从而为之后的学习做好准备。

二、喜好效应

喜好效应指人们总是能够接受自己喜欢或者与自己相似的人提出的要求或建议。如今90后、00后的学生在兴趣爱好、思想观念、生活方式等方面都和教师当年不同，也和三年前的毕业生不同，所以常常会听到有教师抱怨学生的不足，学生上课不配合。其实，因为教师对学生了解得不多，物理课堂脱离了学生的实际生活，脱离了学生的兴趣爱好，所以教师在备课、整合教学资源时，要充分了解学生的兴趣爱好、思想观念、生活方式等，要让物理课堂贴近学生的实际生活和兴趣爱好。此外，教师要在课堂内外给学生补充一些他们感兴趣的与物理密切联系的素材，如物理与生产、生活、科技前沿的关系等，在物理教学中充分考虑学生的喜好，如此才能培养学生学习物理的兴趣和激情；学生才有自主学习的愿望；才能实现在物理教学中以学生为主体；才能把有效教学落到实处。

三、"三明治"效应

在教学中，教师有责任及时发现学生的错误，并帮助学生改正。批评不是教育的目的，只是手段。如何才能做到既达到批评的目的又能保护被批评学生的自尊？如何才能让批评更有效？如何不因为对学生的批评而造成师生关系的紧张对立？"三明治"效应，可以给出有益的启示。"三明治"效应是人们把批评的内容夹在两个表扬之中，使受批评者愉快地接受批评的现象。教师在批评学生时，首先，要找到学生的优点或积极面，对学生的一些行为表示认同、赏识、肯定，对学生表示关爱，这样可以创造友好的沟通氛围，除去学生的防卫心理，让学生平静、安心地与教师进行交流，使学生更愿意接受批评。其次，在中间这一层一针见血地指出学生的不足，并对一些不良行为做出批评，或对某一件事情表达自己的不同观点和建议。最后，教师对学生给予鼓励，提出希望，表示信任与支持，让学生感受到教师的批评是为了帮助自己。这种批评的方法，不仅不会挫伤受批评者的自尊心和积极性，而且会使被批评者积极地接受批评，并改正不足。

“三明治”效应的最后一层起到了除去后顾之忧的作用，能够给予学生鼓励、希望、信任、支持、帮助，能够尊重学生，使学生振作精神，重新再来，不再陷于泥潭之中。对学生个体的批评如此，对学生群体性错误的纠正更应该采取“三明治”批评法。

四、印刻效应

印刻效应是1910年德国行为学家海因罗特在实验中发现的一个十分有趣的现象：刚刚破壳而出的小鹅，会本能地跟随在它第一眼见到的母亲后面。但如果它第一眼见到的不是自己的母亲，而是其他活动物体，如狗、猫或者玩具鹅，它就会自动地跟随其后。尤为重要的是，这只小鹅一旦形成了对某个物体的跟随反应，就不可能再形成对其他物体的跟随反应了。这种跟随反应的形成是不可逆的，也就是说小鹅承认第一，却无视第二。“印刻效应”现象，同样存在于人类中，人们在相处过程中往往会根据第一印象或者最初相处的经历对其品行和能力等各个方面做出判断，判断的结果或正面或负面。在物理教学中，教师在和学生相处的过程中，要注意克服“印刻效应”带来的负面影响，不要因为学生一开始表现不好或有过违纪行为就给学生贴上“差”的标签。任何事物都是在发展变化的，学生也是如此。教师对学生的判断不一定正确，如果用老眼光、老印象分析、揣摩、判断学生，那么教师眼中的“差生”就会变成真正的差生。教师应该多关注学生的进步，发现学生的闪光点，如学生的作业做错了，但书写很规范，没有抄袭；学生的物理成绩不好，但是上课认真听讲，一直在努力、进步。教师只有正确对待学生的错误和缺点，才能以宽容的心接纳学生。

第四章　大学物理的主要教学模式

第一节　大学物理自主探究教学模式

一、自主探究教学的流程与评价

（一）自主探究教学模式的基本流程

自主探究教学是一种全新的教学模式。它提出了学生通过自主探究的方式学习知识的方法，使学生对学科的内容体系和思想方法、科学概念、理论及其历史、现状和前沿等方面在整体上有一个全面的了解。它突破了传统教学模式对学生主动性和创造性的制约，从而培养和提高了学生的科学素养。因此，在物理教学的过程中，根据物理内容适当地选择自主探究教学模式，将给教学带来不一样的效果。但是如何在教学中建立自主探究教学模式，以及建立怎样的自主探究教学模式，是本节内容将要探讨的问题。本节内容将从现代教育理论及学科教学模式的设计出发，为物理教学设计适合教育改革、适合发展学生创造性的操作流程。

以不同的出发点设计的自主探究教学模式特点也是不一样的，如以问题为中心的自主探究教学模式、指导型自主探究教学模式和循环型自主探究教学模式各不相同。下面就这三种不同的自主探究教学模式的创建流程加以说明。

1.以问题为中心的自主探究教学模式

该模式是以学生自主学习为核心，以培养学生创新意识、创新精神、创新能力为宗旨的物理自主探究教学模式。其程序是创设情境—提出问题—自主探究—协作讨论—分层测评—课堂小结。

（1）创设情境。教师要根据学生的实际和年龄特征、知识经验、能力水平、认知规律等因素，抓住学生思维活动的热点和焦点，根据学生认知的“最近发展区”，为学生提供丰富的背景材料，创设直观鲜明的问题情境，让学生产生疑问，乐于发现问题并提出问题。

（2）提出问题。我国古代讲究做“学问”，“问”是掌握知识和提高道德修养的重要方法。现在学生不会提问题，源于教师不注意培养学生的问题意识；“满堂灌”式的教学方法扼杀了学生提出问题的积极性，学生的学习完全依赖教师的“喂”而处于被动学习的地位。因此，教师要指导学生通过课题质疑、因果质疑、联想质疑、方法质疑、比较质疑、批判质疑等方法，培养问题意识，通过自我设问、学生之间设问、师生之间提问等方法发现问题、提出问题，促使由过去机械接受向主动探究发展。要做到这点，教师必须创设宽松民主的课堂气氛，对学生的提问给予恰当的“应答”，变讲解为指导学生自己解决，引导学生自己寻找答案，当然教师应给予及时评价。教师必须善于激发学生思维，培养其认真钻研、独立思考、乐于提问的习惯。

（3）自主探究。“听来的，忘得快；看到的，记得牢；只有动手做，才理解得深。”这是美国华盛顿大学一个关于知识学习的宣传。在传统教学中，接受性学习是要学生以定论的形式来接受学习内容，然后内化成自身的知识，然而内化过程由于缺少自身的经验体系，故在内化成自身的科学解决问题的能力时，可能会造成联系障碍，从而影响问题的解决。而在探究式学习过程中，学生通过“做科学”来“学科学”，从情境中认识问题，提出假设，收集资料，实验验证，处理信息，解决问题，这些都内化成学生自身的经验体系。因此，探究验证是自主探究教学模式的核心环节。此外，探究验证过程创设类似于科学家的研究情境，以观察实验为基础，以假设为基本方法，以质疑验证为基本手段，建立新旧知识的联系网络。

以问题为中心的自主探究教学模式的主要程序是以演示实验、创设情境、课件演示、生活录像的形式培养学生学习物理的兴趣与好奇心，然后教师提问、学生自我设问、学生之间提问，通过这一环节训练学生质疑且培养学生问题意识，之后用独立发现法、归纳类比法、打破定式法等培养学生自主建构知识的能力与探究能力，最后通过同桌之间讨论、小组之间讨论、师生之间讨论等形式培养学生的合作精神与交流能力，直到问题解决。其中既有形象思维、动作思维，又有抽象思维；既有聚合式思维，又有发散式思维。以问题为中心的自主探究教学模式其可以让学生在学习到物理知识和基本技能的同时，受到科学思维和科学方法的训练，受到科学作风的熏陶，从而有利于全面提高学生的科学素养及能力。

（4）协作讨论。学生在协作讨论的过程中会发生不同的情况。例如，有的学生会胆怯、害怕发言讨论，这时教师可以采取灵活的方式，以小组讨论、组间讨论、师生讨论等形式发挥集体力量解决问题。讨论的分组形式也可以根据实际情况灵活搭配，如可以根据学生不同的水平层次划分，也可以根据学生的水平层次交叉划分。总之，在协作讨论的过程中教师应把主动权交给学生，教师适时地引导学生由自由的自行讨论转向小组讨论。在协作讨论的过程中，教师应根据教学内容和学生实际，活跃学生思维，培养交流协作能力。在交流的最后，形成组意见，教师选取几组不同的、具有代表性的小组，让其选派代表在全班交流研讨结果，对结论进行修改、补充、完善，最后取得共识。这样的自行研讨、自行分析及广泛交流，不仅能使学生从研讨中体验获取知识的过程，感受成功的喜悦，而且能使学生的语言组织能力、口头表达能力得以大大提高。

（5）分层测评。分层测评的目的是使低分段的学生有成就感，对高分段的学生有激励作用。根据教学的实际经验教师可将测试题设计为四个层次：第一层次为达标级，按照物理课标要求设计；第二层次为提高级，在达标级的基础上增加分析层面的学习和变式练习；第三层次为优胜级，增加新旧知识联系的综合层次练习；第四层次为欣赏级，可以提供与学习内容有关的开放题、高考题和物理知识应用竞赛试题分析与解答。四个层次的水平是依次提高的。传统的教学模式采用一刀切的评价模式，其弊端是评价标注过低的话会使水平较好的学生失去挑战的乐趣，从而失去学习的兴趣；若评价标准过高则会使水平较低的学生产生挫败感。因此，自主探究教学模式设计的四个评价层次能很好地照顾到全体学生，且因人而异，从而解决了传统教学中“吃不了”和“吃不饱”的矛盾，可以让每个学生“跳起来摘果子”，使全体学生得到发展和进步。

（6）课堂小结。课堂小结的形式也是多种多样的。可以由学生自行完成，也可以由学生和教师共同完成。课堂小结可以是口头的，也可以是书面的或是论文的形式。课堂小结的内容包括三方面：①让学生对各自探究过程进行小结，陈述各自的探究结果或实验现象与结论，并对各自的探究过程和结论进行反思、评价；②学生对他人的探究过程和结论进行反思评价，提出建设性的意见和建议；③教师对学生的小结进行适当的补充、总结和评价。

以上就是以问题为中心的自主探究教学模式的建立流程和应该要注意的问题。

2.指导型自主探究教学模式

指导型自主探究教学模式旨在将探究性教学和传统教学的优势进行整合。其在建立特定的物理概念教学中有很大的优势，但并不是传统教学模式和自主探究教学模式的简单重合。

指导型自主探究教学模式有以下特征。

（1）创设情境，提出问题。教师可以充分利用现代科技手段为学生创设丰富的教学情境，如实验、观察、案例分析、研究图片等，引导学生发现问题，并用文字描述，提出科学问题。当学生进入学习情境后，教师通过引导、讨论向学生呈现待探究的学习课题，同时提供解决问题所需的信息资料、实验仪器。

（2）科学猜想，实验验证。探究式教学的核心要素是学生设计探究方案，进行学习探究，得出结论。具体包括以下几点：①根据已有的知识、经验或收集到的信息做出比较合理的猜想、假设和设计探究方案；②在有网络条件设施的学校，学生自己访问查阅网上的资源，对提出的问题进行回答和猜想。学生带着问题或实验方案通过网络的帮助独立进入教师设计的学习情境进行探究；或通过现代信息技术与多媒体实验辅助系统进行实时实验探究，收集实验数据。

（3）分析讨论，得出结论。首先对收集的信息进行分析、鉴别、处理，得出结论，然后对得出的结论做出科学解释。在分析讨论过程中，可通过与他人合作、交流，将各自的猜想、假设、实验方案、结论进行交流。这一过程有利于学生从不同的侧面对问题形成全面的看法，认识到自己对问题考虑得不充分，同时有利于学生深刻感受建立协作精神对科研的重要性，从而使学生在各个方面有一个全面的提升。

（4）课题小结，测试反馈。具体包括以下几点：①学生对各自的探究过程进行小结，陈述各自的探究结论或实验现象与结论，并对各自的探究过程和结论进行评价、反思；②学生对他人的探究过程和结论进行评价、反思，提出建设性的意见和建议；③教师对本课的学生小结进行适当的补充、总结和评价，并让学生浏览小结（可以通过幻灯片、图片、多媒体、网络等形式进行）；④本课小结后，引导学生完成自我测试，教师及时鼓励学生并激发学生的学习热情。

这种教学模式不仅关注学生“知道什么”，更关注学生“怎样才能知道”，在“让学生自己学会并进而掌握研究方法”方面下功夫，通过学生的主动参与、亲身体验促进学生对科学知识的“动态建构”。

3.循环型自主探究教学模式

循环型自主探究教学模式的主要特点是教师传授核心知识，学生通过应用该知识或理论而获得对问题的理解。通过消除学生的错误前概念，培养学生的思维能力和探究能力。该教学模式分三个阶段：探索阶段、理解阶段和应用阶段。

（1）探索阶段。教师创建新的教学情境让学生接触物理的新知识。学生对新奇的事物和现象一般会抱有强烈的好奇心，而这些现象是他们不能用已有的知识或思维策略进行解释的，所以就能够激发他们很强的好奇心。在这个阶段，教师切记要少指导，要给学生足够的自由去自己探索，享受探索过程中知识带来的乐趣。要多鼓励学生利用一切可以利用的资源找寻问题的答案。

（2）理解阶段。指学生在教师的帮助下通过重新建构他们的前概念，用新的科学定义来解释新获取的信息。在这个阶段，学生主要通过教师的帮助来理解知识本身以及知识主群之间的相关性，从而获得对第一阶段新奇现象的理解和认识。

（3）应用阶段。涉及学生应用新的知识与新的情境，要求在不同情境中应用新知识，让学生自己发现知识的本质特征。循环型自主探究教学模式的具体程序分为以下几步：①探究让自己感到疑惑的现象和经历，感受不足以解释的新情况；②参与实验活动，用实验探究解释所遇到的疑惑，了解存在的知识缺憾；③设置新知识所难以解释的新问题情境，提供新知识经验；④帮助学生理解整合知识，应用新知识于各种情境；⑤了解新知识的本质特征。

（二）自主探究教学模式的评价

课堂教学评价是按照一定的价值标准，对课堂教学活动的诸因素及发展变化所进行的价值判断。科学的课堂教学评价，应围绕课堂教学评价的对象，以评价的价值取向为出发点，选择适当的研究方法和评价方式，形成合理的评价体系。

教学评价是课堂教学的一项重要内容，目的是检查和促进教与学。自主探究教学模式对学生的评价应以学生探究活动的过程为重点。它主要从以下几个方面进行评价。

1.评价的内容

自主探究评价主要包括认知和非认知两个方面，呈多元化的形态。其主要评价学生在原有基础之上的发展程度，从学生自身提高的程度层面去评价。从多角度、多方面进行多维评价。认知方面的评价内容包括基础知识的掌握、理解和应用，思维方法的提高等。非认知方面的评价内容包括物理学习动机、创造能力、评价能力、自我调节能力、探究能力、物理学习兴趣、物理学习信心、物理学习态度、思维的灵活性、民主意识、合作精神、问题意识、上课时的心情、乐学与怕学、求知欲、关心他人程度、课堂参与程度、学习负担、独立性等。

2.评价的方式

自主探究教学模式注重的是学生的自身发展以及探究能力的提高、创新能力的提高，这些都是比较感性的因素，因此自主探究的评价标准应该以定性评价为主。

自主探究教学的评价方式主要包括教师对学生的评价、学生对学生的评价、自我评价，即学生按照一定的标准对自己的发展做主观性评价。

也可以采取教师评价与学生的自评、互评相结合，对小组的评价与对组内个人的评价相结合，定性评价与定量评价相结合等方式，从多角度、多方面进行多维评价，建立多维评价表。对学业成绩的考核采取开卷与闭卷考试相结合的方式。

3.评价的原则

对学生学习评价的目的是将学生学习的重心从过分强调知识的传承和积累向知识的探究过程转化，从学生被动接受知识向主动获取知识转化。为了达到预期的目标，取得较为理想的效果，应注意以下原则。

（1）启发性原则。教师在教学中的作用主要是启发、引导学生，避免对学生进行知识的灌输。因此，教师要利用多媒体和网络技术不断创设引导学生探究的情境，对学生的“脑、手、眼、口、耳”进行“全频道”式输入，帮助学生发现问题、分析问题和解决问题。

（2）主体性原则。自主探究教学模式最大的一个特点是注重学生在教学过程中的主体性。因此，教师在课堂教学中要突出学生的主体地位，通过问题情境的创设，让学生自主探索、思考、发现，让每一位学生体验知识的发现和创造过程。

（3）开放性原则。指教学环境开放，教学过程具有动态性，教学内容具有灵活性；教学时空开放，具有广阔性；教学反馈具有即时性。教师要充分利用多媒体和网络技术创设高、中、低多层次非线性的教学环境，以适应不同层次学生个体差异性的需求。

（4）自主性原则。教学过程要充分挖掘学生的潜力，调动学生对问题的兴趣和探索的热情，让学生充分地自主探究，真正实现学生自己发现规律。

（5）发展性原则。教学设计以学生发展为本，以促进学生主体性、创新精神、实践能力以及学生素质的全面发展为最终目的。

二、物理课程自主探究学习的有效性

（一）物理自主探究教学模式的效果

1.学生对物理课的学习兴趣、动机、信心有所增强

该研究在实施自主探究教学模式之前和之后都对学生进行了一些问卷调查，调查结果显示，实施“自主、探究”教学前、后，喜欢物理课的人数比例有所增加；觉得“物理难学”的人数比例有所减少，但并不十分显著，这是因为物理课的难教难学还与学科特点、学习内容的难度、学习评价标准与方式、学生已有的学习经验等多种因素有关；学生对物理课的学习价值有了更深刻的认识，说明其对物理学习的动机明显增强；由于自主学习的能力得到了锻炼和提高，所以学生自学物理的信心明显增强。学生对物理学习兴趣变化的调查结果如表4-1所示。

表 4-1　学生对物理学习的兴趣变化

调查问题及选项	实施前 /%	实施后 /%
喜欢和比较喜欢物理课	42	60
觉得物理课程较难学	66	50
认为学习物理有用和较有用	40	68
有信心自学物理	30	68

2.学生学习物理的方式和习惯有所改善

学生对物理学习的认识发生了变化，觉得物理学习比以前有趣，认为物理学习更有意义，促使学生在学习物理的过程中的学习方法和习惯发生变化。学生学习方式和习惯的改善主要表现在以下几方面：①学生学习物理的主动性和探究性明显增强，课前预习和课后复习的人数增多，乐于讨论和探究问题的学生增多；②学生探究问题的方式呈现多样化，除与教师、同学交流外，还可以

自主查阅书籍和上网检索；③学生对自主、探究的学习方式有较高的认同率。

3.学生自己探究问题的能力有所提高

问卷调查还涉及学生在自主探究能力方面的提高程度。通过教学模式的改革，学生探究意识明显增强，探究学习的能力有了不同程度的提高，而这些能力的提高必然带动学生创新能力的提高。问卷调查主要从三个方面进行：①对自己感兴趣的疑难问题的处理方式；②对教师的结论是否有质疑；③自主探究能力的自我评估。有关学生自主探究能力调查的数据统计，如表4-2所示。

表 4-2　学生自主探究能力的变化

调查的问题	选项	实施前 /%	实施后 /%
对自己感兴趣的疑难问题的处理方式	问教师	30	18
	自己想办法解决	20	40
	与同学讨论	30	35
	以后再说	20	7
对教师的结论是否有质疑	坚信不疑	38	20
	实验检验	22	35
	听听别人的意见	30	35
	无所谓	10	10
自主探究能力的自我评估	有显著提高	20	40
	有较大提高	25	30
	不清楚	15	10
	没有提高	40	20

“自主、探究”学习的体验和初步成功，使学生逐渐消除了原来思想中对自主学习和科学探究的神秘感和畏惧感，明显增强了学生的学习能力和自信心，有效激发了学生探究学习的积极性和主动性。

4.学生自我评价意识有所增强

随着“自主、探究”教学的不断深入，学生的自我评价逐渐由被动完成

“总结”任务向主动反思转变。许多学生逐渐自觉地形成了在学习笔记中以注释、后记等方式记录自己的想法、感受、疑问的习惯，并通过这种方式与自己和教师对话。

自主探究式学习模式和传统教学模式相比，就传授知识的效率而言，“自主、探究”教学并不比被动传授式教学高。不可否认，自主探究教学模式的启发式传授教学也能使学生的学习成为意义学习，“自主、探究”教学无疑要花费学生更多的时间，所以，“自主、探究”式教学对学生物理知识和技能的掌握效率有促进作用但不太明显。

然而，在进行“自主、探究”教学时，学生能够自愿的、主动的在学习上投入较多的时间，并在此过程中学生的学习兴趣、学习自觉性及各方面的能力都得到了显著提高；而在传授式教学中，学生的学习是被动的，只是为应试而做题，顾及不到兴趣以及各方面能力的培养。因此从学生的长远发展来看，自主探究教学模式具有很高的价值。

由于学校考试主要以考核学生对知识和技能的掌握为主，对学生在学习积极性、主动性以及学习的品质、态度、方法、能力等方面的变化是无法定量测量的，因此很多学校忽视了对学生自主探究能力的培养。在加强学生创新能力培养方面，很多学校也有待提高。

（二）物理自主探究教学模式的几个问题

1.自主探究教学模式是未来物理教学的必然方向

在教学中注重“自主”和“探究”既是大学物理教学适应新课改的需要，也是其自身改革的需要。

《新物理课程标准》强调在物理教学中注重学生探究性和自主性的培养。这不仅是对我国传统教学模式改革的需要，也是培养21世纪新人才标准的需要。从某种意义上讲，科学探究的思想和探究方法就是科学技术的灵魂。目前很多教师的传授式教学仍然是主流的教学模式，传授学科知识和技能被看作最主要的也是唯一的教学目标。这显然过分看重了学科知识的传授，而忽视了科学体验、科学态度和科学价值观对学生全面、持久发展的重要性。因此，物理教学必须重新审视其教育功能，确定包括“知识、技能、方法、过程、情感、态度、价值观”在内的全面的教学目标，突出学生学习过程中的自主性和探究性。

2.因地制宜、因材施教

自主探究模式的一大特点是灵活性。教师在教学过程中要根据教学的条件灵活地设置教学情境，要根据学生的实际水平灵活地设置探究的内容，还要根据学生的原有水平进行灵活多层次的评价。“自主探究”式教学改变了学生被动的学习方式，更加重视学生在学习中的主体地位，把对物理学的科学思想、科学方法的理解和掌握放在了与知识同等重要的地位，其优越性是显而易见的。

学生学习的自主程度和探究水平有高有低，这不仅取决于学生的认知能力水平，也与其学习内容的难易等诸多因素有关。因此，教师在具体的教学设计中应根据学生实际和教学内容的需要进行恰当把握与取舍，并注意与其他教学方式结合运用。

没有哪一种教学模式和方法能够普遍适用于每一节课。由于教学内容、时间、条件等方面的限制，教师不可能也没有必要在所有教学中完全运用“自主探究”式教学。“自主探究”应该是理科教学的一种理念，而不是一种固定的模式。

3.自主探究教学模式实施的重要前提——民主、平等、合作的学习环境

在传统的教学模式中，教师作为传道授业解惑者，地位高高在上，学生是不大敢亲近的。但自主探究教学模式的特殊性要求打破这一格局，营造了民主、平等、合作、和谐的师生关系和轻松、愉悦的教学氛围，拉近了师生之间的距离，只有这样才能有效实施自主、互助、探究式教学。师生关系的平等、民主不能只是形式上的，而应该是教师和学生在精神上的高度和谐统一，这与传统的教学方式大不相同，因此，需要教师在思想观念上有根本性的转变。师生关系和教学方式的改变不仅是一个优化学科教学的过程，也是提升师生人格修养、科学态度和价值观的过程。因此，自主探究教学模式也是师生共同进步的过程。

4.正确把握自主探究教学模式中教师与学生的角色和职能

在自主探究教学模式中，教师是组织、引导的主体，学生是探究、学习的主体。作为教师，必须理清自己在教学中的作用，不能对学生自主探究的过程进行过多的干预，不能越俎代庖，但也不能因此对学生在学习过程中遇到的问题视而不见。教师要准确把握教学中的引导者角色。另外需要说明的是，自主探究教学模式虽然强调学生主动探究问题，但是物理规律、结论的得出是许多科学家长期艰苦探究活动的结晶，这些探究活动需要科学家良好的科学素养，

因此，探究式教学不是学生脱离教师，像科学家一样去重新发现和创造，这不仅不符合学生心理发展的特点，还会极大地挫伤学生学习的积极性，否定教师在教学中的作用。

5.客观地看待探究学习和接受学习的关系

一般来说，探究学习与接受学习有不同长处：在过程与方法的体验、科学态度与创新能力的培养等方面，探究学习优于接受学习；在课堂获得知识的效率、对知识结构的理解等方面，接受学习优于探究学习。从学生的长远发展和全面发展来看，接受学习的局限性和弊端是显而易见的，但探究学习也存在对时间和空间要求较多的问题。面对过于注重知识传授的教学现状，大力倡导教学中的自主性和探究性是很有必要的，以“自主、探究”为核心理念，针对具体情况综合运用多种教学方式将成为理科教学改革的大趋势。

（三）实施自主探究教学模式的困难

1.传统的教学观念与习惯根深蒂固

从传统的教学模式转到自主探究的教学模式不仅是教学形式的变化，还是教学思想的变化。教师要由以往“传道、授业、解惑”的施教者转变为教学活动的组织者、指导者和帮助者，由只关注学生知识的获得转变为关注每一个学生的全面发展。实施“自主、探究”式教学，不只是教学方法的改变，更是教育思想、观念的根本变革。这对教师提出了很大的挑战。传统观念和方法根深蒂固，使得教师在教学实践中会不自觉地受到影响，容易在教学改革中“走老路”。

自主探究教学模式不仅要求教师从思想上转变观念，而且要求学生转变学习的观念和态度。由于大多数学生长期以来接受的是教学中的模仿和重复，学习方法以听讲、背诵和大量做题为主，已经习惯了教师的“喂养式”教学，所以学生“自主、探究”学习的意识、方法、主动性严重缺乏，对教师的授课也有很大依赖性。在自主探究教学模式中，学生一开始会对新的学习方式感到无所适从，进而产生畏难情绪，甚至会对新的教学模式产生抵触和怀疑，这就需要教师正确地引导，让学生在自主探究教学中尝到乐趣，建立信心。

2.现行教材编写内容跟不上自主探究教学模式的需要

现行物理教材强调学科知识结构的系统性，注重对已有知识的熟练把握，因此会汇编大量的物理习题以巩固所学知识。习题的练习，枯燥乏味，甚至脱离生活实际。现行教材对物理概念和规律的处理大多侧重理论的直接呈现，缺少探究理念，留给学生发现、探究和创造的空间不足，使许多物理问题失去了探究的意义和必要性；现行教材注重物理知识体系的系统性结构，这必然会忽略物理实验及物理探究方法的学习，使学生很难从教材中感受到物理学的思想观念和研究方法。

3.学校教学环境和条件难于满足学生科学探究的需要

如今虽然很多学校配有图书馆、网络、实验室等现代教学资源和器材，但是由于每个学校的人员众多，所以分配下来资源严重不足。特别是实验仪器和加工设备的种类不全，数量不足，一旦学生提出的方案找不到所需器材，那么探究就很难进行下去，使部分探究学习方案无法实施。这是制约自主探究教学进行的一个重要的物质条件。另外，由于学生数量的增加，绝大部分学校的班额都很大，而教育资源有限所以学生在“自主探究”学习中的交流机会因班额较大而受到限制。

4.评价方式和教学时间是制约教学改革的瓶颈

传统教学评价主要关注的是学生掌握知识和技能的多少，这些能用简单的定量的标准来评价，而自主探究教学模式注重的是学生探究体验以及科学方法的学习和科学价值观的形成，这些难以用定量的标准来评价，因而导致了对学生科学探究体验以及科学方法、态度、价值观的形成的忽视。目前各类学校对学科教学的评价仍然以知识、技能目标的达成度为核心，留给教师的改革教学评价的自主空间很小。这在一定程度上制约了“自主、探究”教学中的多种评价方式的实施。

以知识和技能为核心的评价机制使得教师必须用大量时间完成“教学任务”，学生的自主学习和探究学习活动也需要很多时间，所以教学时间问题会变得很突出。

物理自主探究教学模式是根据建构主义学习理论、主体教育理论和新课程理念，在借鉴“发现学习”“自主学习”“研究性学习”“合作学习”“探究式教学”等现代教学理论研究成果的基础上，结合学校教学条件、学生认知水平和教材特点建构起来的。该模式的建立也借鉴了笔者多年来在物理教学中实施“自学指导”“问题探究”“能力培养”等教学改革的实践经验。

物理自主探究教学模式的实施，在提高学生学习物理的兴趣和动机、增强学生自主学习和探究学习的意识、改善学生学习方式和习惯、增强学生的自主学习能力和科学探究能力以及对学生将来的教学理念和方式的影响等方面都达到了预期的效果。在“自主探究”式教学中，学生积极、主动、活泼、协作、自信，这有利于其全面、持久的发展。

自主探究教学模式在具体实施中也存在诸多制约因素，如师生观念转变不到位、教材内容与编写体例陈旧、教学条件不配套、评价体系改革难等，这些问题和矛盾尚需进一步研究解决。

三、如何用好物理自主探究学习模式

（一）物理教学中自主探究的意义

1.物理自主探究教学的内容

物理自主探究，就是在教师的引导下，学生借助一定的学习材料，围绕某个问题，进行探究的学习过程。学生根据自己已有的知识，用自己的思维方式自由地、开放地去探究、发现、再创造。探究可以是观察、操作、猜想、验证、收集材料、获得体验，并经过类比、分析、归纳等，得出初步结论。

在整个过程中，学生以原有的知识经验为基础，对新的知识信息进行加工、理解，由此建构新知。在教学过程中，学生拥有足够的时间和空间来进行探索和思考，教师要鼓励学生大胆猜想，敢于质疑问难，发表不同意见；教师要给予学生思考性的指导，特别是当学生的见解出现错误或偏颇时，要引导学生自己发现问题，自我矫正，将机会留给学生，不要代替学生思考。总之，在教学过程中，教师是指导者，学生才是学习的主体。当遇到问题的时候，教师要给学生充分的自由让学生去思考探索，绝不能越俎代庖。

2.物理自主探究教学模式中的合作交流

学生通过自主学习，在搜集资料的过程中一定会遇到很多问题，在教师引导学生获得正确答案之前，要通过学生自己合作交流的形式来探讨问题的答案。交流的形式多种多样，如学生之间的自由交流、学生小组之间的交流、教师组织班级之间的交流，还有辩论的交流方式等。通过交流和相互讨论分析，不但充分展示学生的思维方法及过程，而且找到了解决问题的方法、途径，这有助于学生对知识的深入学习和研究科学的学习方法。学生在合作交流中能够学会相互帮助，实现学习互补，增强合作意识，提高交往能力。

自主探究是合作学习的基础，合作学习是自主探究的发展。没有自主学习和探究过程对所学内容的初步感知，合作学习将无从谈起。但学生之间的交流和学生自主探究学习所占的比例要均衡，不能偏向哪一方面。合作学习不要过多，提倡在独学基础上的对学与群学，要在学生自主学习有困难、问题自己不能解决的时候再采取合作学习，不要遇到问题就让学生合作学习。

3.物理自主探究教学模式中的师生互动

经过充分的自学和讨论，学生对问题中所涉及的知识有了一定的认识和理解，并具备了一定的应用知识解决问题的能力，但学生在自主探究和交流合作的过程中必然还有很多不能解决的问题。这时候就需要教师对其用准确而精练的语言进行进一步的阐述和强调，使学生对知识形成清晰的网络，能熟练地应用知识解决相关问题。但是讲解不可过多，仅仅针对学生提出的普遍性的、教师认为比较重要的、应用比较广泛的问题进行讲析和强调。教师的作用是引导和指导。

（二）物理教学中自主探究教学模式要注意的问题

物理教学中，实施自主探究教学模式要注意以下几点。

第一，注意把握教师和学生在教学过程中的角色变化，教师从讲授者变成了指导者，学生从被动接受知识者变成了主动探究构建新知识者。学生是教学中的主体。

第二，教师要注意在自主探究教学模式中情境的设置，要充分考虑物理学科的特性，利用物理学科的趣味性建立学生对问题的兴趣，从而顺利地开展接下来的探究学习。

第三，设置物理教学情境时要充分考虑教学条件，使学生在接下来的探究过程中不至于因外在条件的限制而影响探究过程的进行，从而打击学生的探究兴趣。

第四，教师和学生要彻底从传统教学的旧思维中解放出来，以新的教学理念参与到物理自主探究教学模式中，避免用新的教学模式沿用旧的教学方法，避免形式主义。

第五，注意自主探究教学模式评价方式的多元化，避免用传统的、单一的定性评价方式从结果上制约自主探究教学模式的进行。自主探究教学模式的各个环节不是一成不变的，有时也应根据不同课型或学段的具体需要进行增删或调整；自主探究也不是孤立的，有时和其他的高效课堂教学方式、方法共同配合使用，会使课堂更具生命力。自主探究教学模式是否是一种成功的教学模式关键是看在课堂教学中是否真正体现了“以学生为主体”；是否真正体现了以促进学生全面、持续、和谐发展为基本出发点；是否真正能够实现人人学习有价值的物理，人人都获得良好的物理教育，使不同的人在物理学习中得到不同的发展。

（三）物理教学中培养学生自主探究能力的建议

1.以兴趣为前提提高学生的自主探究能力

（1）提高学生的自主探究能力要以学习兴趣为前提。兴趣是学生学习活动的主要动力。激发学生的学习兴趣能够有效地促进学生学习的主动性，提高学习的效果。当学生对物理这门学科真正产生了浓厚的兴趣，希望认识它时，唯有深入了解它，才能够爱上这学科，才能全身心地投入到物理知识的学习当中。自主探究能力是学生进行学习活动时所具有的能力，并且具有主动性。因此，激发学生的学习兴趣是使学生真正学会物理知识的首要因素。当教师以恰当的教学方法激发学生的学习兴趣，引导学生主动对物理知识进行探究，充分调动学生探索物理知识的积极性时，要在知其然的基础上达到知其所以然，学生才能乐于学习物理知识，才能在教师的引导下主动参与到教学过程中，教师才能在这个过程中潜移默化地提高学生的自主探究能力，培养学生的科学素养。

（2）讲授物理学史，激发学生学习兴趣。德国物理化学家、诺贝尔奖获得者奥斯特瓦尔德在他的著作《精密科学的经典作家》中说道："虽然，用现在的教授方法很成功地讲授了在现今发展状态中的科学知识，但是杰出的和有卓识远见的人不得不一再地指出时常出现在当前我们的青年科学教育中的一个缺点，这就是缺乏历史感和缺少关于作为科学大厦基础的一些重大研究的知识。"教师在给学生讲授知识的过程中，可以适时插入相关的物理学史内容，让学生了解物理规律和定理的来龙去脉，也可以讲一些科学家进行科学探究时的趣闻轶事，不仅拓宽学生的视野，而且能有效地活跃课堂气氛，激发学生的学习兴趣。通过对物理学史的讲解，使学生了解科学家进行科学探究的专注和艰辛，从而提高学生的思想认识。

（3）让学生喜欢教师从而喜欢物理。当教师具有专业的教学知识，能够熟练地运用教育方法和手段，有效地调节物理课堂的气氛，尊重、理解学生时，学生就会喜欢这个教师，爱屋及乌，喜欢学习物理知识。教师要充分利用有限的课堂时间，调动学生的大脑，使学生的思维与教师的教学思路同步，如此才能有效地提高学生的学习效率，达到新课程标准为培养学生科学素养而设立的教学目标。因此，教师应努力提高自己的专业技能水平，更新教育思想观念，努力钻研教育学和心理学，了解学生的身心特点，及时与学生沟通，因材施教，如此才能真正掌控物理课堂。教师还要做到以身作则，在要求学生之前自己一定要先做到，做学生的榜样，起到表率的作用。

（4）用恰当的方法讲解抽象的物理概念。物理学科由于概念、定理的抽象性特点导致学生理解起来具有一定的困难，因此，教师在讲授物理知识时，要灵活运用类比的教学方法，要注意联系实际生活，用学生生活中能接触到的事例来讲述物理知识，如此能够起到事半功倍的效果。

例如，在讲解功与能的相互关系时，教师可以把某个物体具有的能比喻成某个人拥有的金钱数，把这个物体做功的过程比喻成这个人付款购物的过程，把在购物过程中花费的金钱的数额比喻成做了多少的功。又如，在对布朗运动进行讲解时，可以让学生想象这样的情景：在池塘里一群鱼争抢一块鱼食，受到鱼食的吸引，池塘里的鱼纷纷游到一起，它们游过来的过程是无序的，而鱼食因为鱼群的争抢而上下翻飞、左右移动。就像布朗运动，离子受分子的撞击而做无规则的运动。

（5）物理实验是激发学生兴趣的重要手段。物理学科的特点通过实验能够表现得淋漓尽致。笔者通过调查了解到，学生普遍对物理实验课抱有极大的热情。物理课本按照新课程标准中培养学生的科学素养的教学要求，安排了大量的演示实验和学生实验，其目的是通过实验教学让学生学会观察和思考，使之学会进行自主探究和科学创新，在学习知识的过程中锻炼学生的自主探究能力，提高其综合素质。因此，作为一名合格的物理教师，必须贯彻物理课程以实验为基础的教学思想，掌握并能够熟练地运用实验教学中所需的教学技巧和实验方法，物理教师还应该具备一定的实验教学研究的能力，如此才能够完成预定的教学目标。教师在教学过程中采用的实验教学主要为课堂演示实验和学生分组实验。教师在教学中运用演示实验能够使物理现象和规律定理生动、直观地展现在学生面前，有助于学生对物理知识的认识和理解。演示实验是学生学习规范的实验操作流程的主要来源。课堂演示实验中呈现的实验现象能够更好地激发学生的学习兴趣，有效地引导学生进行的探究活动。学生分组实验主要是学生运用物理实验器具，通过一定的实验操作流程，对物理规律和定理进行科学探索或验证的过程。学生通过分组进行自主探究实验，对实验形成更为清晰的认识，有助于对物理规律和定理的认知和理解，在实验过程中锻炼自己的实验操作能力，体会进行科学研究的过程和方法，培养严于律己的科学态度和探索精神。

2.转变教育思想观念，培养自主探究能力

培养学生的自主探究能力要做到师生关系平等，加强师生之间的沟通和交流。教师要改变过去“一言堂”的教学模式，明确学生是教学的主体，教师

在教学过程中扮演指导者的角色，应鼓励学生勇敢地提出自己的疑问、见解和新奇的想法。教师要为学生创设恰当的问题情境，激发学生的探索精神，培养学生的主体意识，让学生能够主动地去发现问题、提出问题，最终自己解决问题。教师在进行组织教学活动时要创造轻松愉快、乐于交流的环境氛围，学生只有处于这样的课堂氛围中，才能充分发挥自己的创新意识，自由地进行科学探究活动。

（1）增强对科学素养教育观念的理解和认识。物理新课程标准对培养学生的科学素养提出了新的教学目标，要求教师在教学中要突出学生的主体地位，充分发挥学生的主体作用，促进学生的全面发展。因此，教师应不断地更新自己的教育理念，加强用新课程标准培养学生自主探究能力的教育观念的理解和认识，转变传统的教育思想观念，打破固有的教学模式，使课堂教学从以往书本知识的传授转变到着重培养学生能力的教学模式。

课堂教学从以往书本知识的传授转变到着重培养学生的能力的教学模式，需要“授人以鱼”，从而“授之以渔”。现代物理学科的教学不仅是知识的传授，还是在教师的指导下让学生动手动脑、自主探究，培养学生的创新意识和操作能力的过程。学生发现问题、提出假设、设计方案、分析过程、总结结论、交流讨论等一系列探索研究的过程体现了科学的方法和理念。因此，作为一名现代合格乃至优秀的物理教师，要加深对新课程标准中培养学生科学素养的理解和认识，领悟新课程标准的内涵，同时树立正确的人才观和教育观，如此才能摒弃那些固有的、落伍的教育方法和观念，有效地达到物理新课程标准的教学目标。传统的教育理念将学生与知识的形成过程分离开来，教师只是将物理知识进行简单的加工之后传授给学生，学生机械地进行记忆，对知识的来龙去脉和实际应用缺乏有效的认识，这种教学方式不能发挥学生的主体作用。而自主科学的探究式教学加强了师生间的互动交流，学生在进行知识的建构时不再依赖教师的机械传授，而是主动学习，主动探索。师生平等交流彼此对物理知识的理解和认识，相互启发，分享观念，可以在活跃课堂氛围的同时促进师生的共同提高和进步。教师要在教学评价环节上，尊重学生的主体地位，鼓励学生积极参与到教学中，在教学过程中更加注重学习过程与方法、情感态度与价值观的培养。因此，教师要加深对物理新课程标准的理解，增强对科学素养教育观念的认识，努力培养学生的自主探究能力，提高学生的综合素养。

（2）合理设计物理教学模式。培养学生的科学素养重点在于让学生体会探索研究知识的过程以及在这个过程中应用和掌握自主探究的能力。教师要明确自己在这个过程中的地位和作用，即教师是学生学习活动过程的指导者，在探索研究的过程中学生自己能够解决的问题让学生自己动手动脑解决，教师不要主动地全盘传授。培养学生的自主探究能力有多种途径，教师应依据物理新课程标准，深入研究物理教材，围绕教学三维目标，注重过程与方法、情感态度与价值观的培养，根据教学重点和教学难点，有目的、有计划地开展教学活动。

以凯洛夫的五段教育模式，即“激发动机—复习旧课—讲授性课—运用巩固—检查效果”为基础的传统教育模式虽然有利于教师对学生、课堂的组织管理和控制，但在这种教育模式下，教师处于课堂的中心地位，通过固定的教学手段向学生灌输物理知识，学生是被动的接受者，机械地接受教师的讲解和传授，不利于发挥学生的主动性和积极性，学生没有主动发现、主动探索的环境，没有锻炼自主探究能力的机会，也就无法培养自己的创新思维和科学素养。依据物理新课程标准三维教学目标的要求，教师应开展多种教育模式，对学生采取多种学习模式，如“问题情境—自主归纳—方案演练—合作交流—反馈体验”的教育模式，即教师依据物理教材，联系生活实际，为学生创设合适的问题情境，学生通过观察思考，自主的对问题进行分析和归纳，设计科学探究方案并进行实际操作和演练，相互交流科学探究过程，分享研究的成果。在这个过程中，教师对学生的自主探究过程起到了指导作用，学生收获了知识和成功的喜悦，不仅逐步掌握了所学的物理知识和方法，而且培养了创新思维和探究意识，提高了分析和解决问题的能力，体验了科学家的科学研究的过程，更激发了学生的学习兴趣，提高了学习效果，有效地达到了教学目标和要求。因此，教师要运用多种教学方法，合理设计教学模式，让学生真正成为教学的主体。

3.尊重学生的主体地位

要想学生的创造性思维、潜能得到最大的发展，真正让学生自主地学习，必须有民主、和谐、宽松、自由的空间。学生只有在师生平等、轻松愉快的课堂氛围中才能拓展思维，只有积极参与到教学过程中，才能培养创新意识、开发自主探究能力。

（1）以身作则，成为学生的榜样。物理新课程标准要求教师尊重学生的主体地位，要扮演学生学习活动的引导者和合作者的角色。因此，教师要有专业的物理教学理论和技能，能灵活运用物理教学的方法，使课堂保持轻松愉悦的氛围，能够有针对性地培养学生的综合素质。作为一名合格的物理教师，在以身作则、严于律己的同时还要保持教学过程的轻松愉悦，使物理课堂具有吸引力，能够激发学生的创新意识和探究兴趣，避免在学生心中形成严厉古板的形象，学生对物理教师产生厌烦情绪，就会讨厌物理，容易造成学习热情和学习效率下降的不良后果。在学生接受学校教育这一时期，教师是学生学习活动的组织者和指导者，学生的大部分时间都是与教师共同度过的。学生会不自觉地模仿教师的言谈举止，在教师的影响下潜移默化地形成自己的人生观和世界观。教师在学校教学过程中和实际生活中要做到言行一致、表里如一，发挥自己的榜样作用，促进学生的身心素质健康发展。

（2）因材施教，有针对性地引导学生。作为一名合格的物理教师，不仅要做到教给学生物理知识，还要了解自己的学生，做到因材施教。然而有很多教师在学生完成大学期间的学习后仍然不知道学生的名字，这样又怎么能做到了解学生，有针对性地开展教学呢？又怎么能让学生敢于参与到教学过程中，有效地培养科学素养呢？大学生的年龄特点决定了他们的身体和心灵都在飞速发展和变化，在家庭和学校的影响下会初步形成人生观和世界观，为今后的学习发展和融入社会打下坚实的基础。因此，教师必须全方位了解学生，了解学生的家庭情况、教育背景、爱好特长、思维习惯等，教师更要走进学生的内心世界，引导学生根据自身的性格特点，发挥自己的特长和优势，促进自身的全面成长和进步。

（3）鼓励学生，树立自信心。教师在教学中应该多用鼓励的方式激发学生的主动性和积极性，通过举例、物理学史讲解等恰当的教学方法，既能引起学生的学习兴趣又能调节课堂气氛。例如，在下午第一节的物理课堂中，因为午餐过后大部分学生都显得无精打采，古板的物理知识讲解会使学生听得昏昏欲睡。因此，教师在课堂中可以这样讲："历史上有一个人在饿肚子的时候居然把自己的怀表给煮了，你们知道他是谁吗？"同学们一时之间会产生兴趣，之后可以说："虽然他在生活中有些粗心大意，甚至被人讥讽为傻子，但是他潜心研究出了三大牛顿定律。"接着再讲几条关于牛顿的科学趣闻，就会很好地调节课堂气氛，激发学生学习牛顿定律的兴趣。教师还可以在这样的故事中渗透历史上很多科学家被人误解、不为人知，或者身体有缺陷，但他们积极面对，坚持研究，最终有所成就，推动人类社会文明向前的事例。教师要鼓励学生向这些科学家学习，树立自信心，奋发向上。

（4）引导学生确立目标，合理规划人生。教师在教学过程中应该为学生设立恰当的目标，进行人生规划意识教育。根据每个学生的实际情况，设立短期目标、长远目标，教会学生合理规划自己的人生。其中，短期目标要以学生通过一定的努力即可达到，能够充分激发学生的学习积极性和主动性为准，要让短期目标成为提高学生学习效率的动力。而长期目标则是学生完成学习生涯，步入社会后所要从事的职业和想要完成的成就。学生有了目标后，就有了前进的方向，就会使学习生活变得丰富多彩、充满活力。而学生在完成短期目标后收获的知识和喜悦会成为学生继续前进的动力，使之朝着更高的目标努力奋斗。教师在教学过程中应向学生渗透“平时的积累是达到成功的基石，只有日复一日付出辛苦和汗水才能换来成功果实”的道理。

4.精心设计教学活动提高自主探究能力

（1）引导学生积极主动地发现问题。科学研究要以发现问题为起始，如果没有疑难问题，科学探索也就无从谈起。发现问题是学生学习进步的动力源泉。因此，教师要依据教材和新课程标准，积极备课，精心组织教学活动，为学生创设发现问题、提出问题的情境，激发学生的认知冲突，从而引导学生发现问题，积极主动地进行科学探究。教师在教学中为学生创设问题情境要采取不同的方法。例如，教师可以以物理学史中的趣闻轶事为起点，在调节课堂气氛的同时调动学生科学探究的兴趣。教师在一定的教学阶段也要根据当时的知识内容，组织学生进行科学探究活动，加深其对所学知识的理解和认识，同时培养学生的自主探究能力，使之很好地完成新课程标准中的三维目标。教师创设的问题探究情境还应该具有多角度、多层次的特点，多角度可以让学生从不同的方向开始自主探究，有效地培养学生的发散思维和创造思维，问题探究情境的多层次性能够照顾到大部分学生的学习需求，使每一个学生都能在情境中发现问题，开展自主探究活动，体会科学研究的快乐和成功的喜悦。

（2）指导学生自主解决探究问题。学生在教师为其创设的问题情境中发现问题后，开始进行自主科学探究，运用生活经验和所学的物理知识寻求解决问题的方法，教师在这个过程中要对科学探究所采用的理论和方法进行讲解和指导。研究问题情境、收集信息、阅读材料、提出假设、设计探究方案、得到结论、验证假设等一系列科学探究过程都要以学生为主体，教师在其中扮演指导者的角色，不要过分干预学生的自主科学探究。学生运用科学的方法和手段进行自主探究，可以锻炼动手动脑的能力。教师应提高学生自己解决问题的能力，而不是直接告诉学生解决问题的方法甚至帮助学生解决问题。

（3）组织学生交流合作。自主科学探究有多种方式，根据研究课题的特点可进行单人独立科学探究或多人合作科学探究。教师在开展科学探究之前可以将学生分组，让学生一起完成科学探究活动，以此锻炼学生的合作交流能力。各小组在进行科学探究时应集思广益，充分发挥团队的力量。在探究过程中，学生可能会因对问题的看法和意见不同而产生分歧，此时教师要起到指导的作用，引导学生相互交流，交换见解，设计不同的研究方案，并选出最优的方案，进行科学探究。

（4）解答学生物理学习中的思维障碍。学生在物理学习中产生的思维障碍不外乎两个方面：一方面来自学生原有的思维品质的缺陷，表现为思维的凝固性和片面性；另一方面来自物理环境、物理知识中的非本质因素和表面形式的影响，表现为思维的干扰性。学生在学习和科学探究过程中产生的疑问和思维障碍会严重影响学生的学习兴趣和学习效率，克服学生学习物理知识的思维障碍是每个物理教师必须在教学中解决的问题。由于课堂时间有限，教师在课上能够传授给学生的知识内容会受到限制，因此，教师必须精心备课，灵活运用教学方法，恰当地创设教学情境。在学生的自主探究活动中，教师要把握学生探究活动的关键，关注学生自主探究过程中展现出的思维和创造力，注重培养学生动手动脑的能力。在进行习题讲解时，可提示学生进行一题多问、一题多解、一题多变的讲授形式，引导学生灵活思考，发散思维，发挥想象力和创造力。在进行新知识传授时，教师不要过分注重知识传授的形式，应重点注意学生学习新知识的过程和方法，循序渐进地进行讲解。在学生学习物理知识的过程中，教师不仅要注重对理论知识的学习，还要引导学生联系生活实际，熟练运用所学知识，在对知识的应用过程中检验和巩固物理知识。

第二节　大学物理演示实验教学模式

一、演示实验教学模式理论

（一）演示实验教学模式的含义

演示实验教学模式主要是通过教师的演示达到解释一定的知识概念、理论结构的目的。演示可以通过多种多样的形式，如传统教学模式演示的形式主要是板书，随着科技的发展，多媒体在教学中逐渐普及，越来越多的教师则借助多媒体来进行演示教学。

物理学作为一门探索基础自然的学科，物理实验在教学中占有很大的比重。物理课程中的演示实验教学模式主要讲的是物理实验的演示型教学。该部分内容将用物理实验的演示型教学介绍物理教育的演示实验教学模式。

课堂演示实验是在课堂上由教师操作，并通过教师的启发引导，帮助学生对实验进行观察思考，以达到一定教学目的的实验教学方式。在课堂演示实验教学中，教师是实验主体，处于主动地位；学生是观察主体，处于被动地位。而课堂演示实验的教学效果主要是以学生能否达到预期的学习效果来衡量的。因此演示实验的教学效果不仅取决于实验本身，还取决于教师主导作用的充分发挥。而主导作用能否充分发挥，不仅取决于教师自身的实验技能和教学的基本素质，还取决于教师对演示实验所采取的教学策略以及对教学过程的设计。

（二）演示实验教学模式的形式

1.随堂演示

随堂演示实验的教学过程是教师讲授书本知识的间接经验和学生自身观察所得的直接经验相统一的过程，也是理论与实际相统一的过程。随堂演示实验通常具有原理单一、操作灵活的特点。在课堂上，教师通过具体的说明和验证使学生更好地理解和掌握理论知识。例如，在讲授力学“角动量守恒”这一节时，教师可以请一位学生上台来进行茹科夫斯基的实验，同时让学生观察手臂在伸和缩的不同状态下人和椅子的转速，如此学生就能很快地体会到角动量的概念和角动量守恒的意义，这种多种感官参与的过程不仅增添了课堂的趣味性，还能够有效促进学生对知识的消化和吸收。

随堂演示实验还有调节课堂气氛的作用。在课堂上演示一些有趣味性的实验，可以作为导入新课内容或缓解学生注意疲劳的手段，利用学生的无意注意和有意注意提高课堂教学效率。

2.开放参观

在演示实验教学过程中，最常见的教学形式就是开放演示实验室。学校会在演示实验室集中放置各种实验设备，特别是一些体积和重量较大、不便在课堂为学生展示的实验设备。在物理演示实验室中，一般会有许多实验项目，涵盖光、力、电、热等众多内容。学生可以在演示实验室的对外开放时间里自由参观。

该方式可以充分发挥学生的自主学习能力，并照顾到每个学生在需求上的不同，对其他教学形式而言，这是一种非常好的补充。然而开放参观演示实验室也有一定的缺点，那就是随意性较强，因没有统一的要求，所以无法确保所有学生都能参与进来，而且学生的主观因素会对学习效率产生决定性的影响。演示实验室开放时间可能会和学生其他课程的时间产生冲突，导致学生没有较强的学习动机，或者因为没有教师引导而无法达到理想的学习效果。

3.集中教学

如今，许多高校都开设了物理演示实验相关的课程，包括专门为物理专业学生开设的专业课程，以及面对全校学生开设的公共选修课。物理专业学生的演示实验课有明确的学习课时和学习目标，可以有效引导和约束学生学习，与自由参观的学习方式相比具有更强的目的性，有利于让学生主动思考实验内容。还有一些学校为文科专业学生开设了专门的文科物理演示实验，即便学生没有足够的专业知识，也可以看懂实验内容，这让更多学生有了了解物理、学习物理的机会，有利于提高学生的综合能力。开设物理演示实验相关课程的集中教学，有效地弥补了随堂演示中条件和场地受限以及开放演示实验室随意性大的不足。大面积地、集中性地教学，大大提高了演示实验资源的利用率。例如，复旦大学开设了“物理演示实验拓展”选修课，南开大学开设了“物理演示实验”公选课。

4.网络教学

依托校园网络搭建的物理演示实验教学平台，是对物理演示实验教学的有效补充。网络教学的主要形式有以下几种：一是利用演示实验室网站作为载体，上传视频片段或flash演示动画以及PowerPoint 演示文稿，学生可以在线浏览或下载内容；二是建立演示实验学习系统，除了可以让学生浏览教学资料外，教师还可以进行教学管理，学生有问题时，还能进行讨论或评价，甚至在线交谈，实现教师与学生和学生与学生之间的互动。在网络教学中，学生不再受到课堂的限制，不但可以选择什么时间学习，而且可以选择学习什么内容，使学习最大限度地自由化。对自己没有掌握的知识，学生还能反复多次地学习。

网络教学资源中有一部分是用计算机模拟的虚拟实验。虚拟实验中实验条件能准确控制，实验现象不受外界因素的干扰，并且能多次重复。对那些对实验条件要求较高的实验来说，虚拟实验能够很容易得到理想的实验效果，并且省去了仪器调试的过程。对于不容易观察现象的微观过程，通过虚拟实验也能够直观地演示和说明。此外，采用计算机模拟实验，省去了大量人力、物力成本，对个别教学资源有限的学校来说，虚拟实验教学能在一定程度上克服客观条件的限制。

（三）演示实验教学模式的特点

1.演示实验的形态

一般的演示实验装置由四部分组成：一是实验的动力源，为实验提供能源或动力作用的部分，如电源、热源、光源、引力或人的手等；二是实验对象，指实验中观察研究的对象，如小车、钢球、液体、气体、电荷、通电线圈、光线等；三是实验现象显示器，它是显示实验现象的装置，包括各种测量仪表、刻度、投影、声光元件等；四是调控辅助装置，是联结上述三部分以调控实验条件的器材。以焦耳定律演示实验为例，电池为实验动力源，电阻丝为实验对象，温度计、电流表和秒表为显示器，开关、变阻器、烧瓶、煤油等为调控辅助装置。又如，手抓小球做自由落体实验，地球引力为动力源，小球是实验对象又是实验显示器，手为调控装置。对于实物演示实验，一般可以按以上四部分划分，其好处是在对演示不成功的演示实验进行分析时，或者设计演示实验时，除了研究实验的原理外，重点可以从这四个方面去考察，做到心中有数，明确演示成功的关键。

从广义上说，演示实验除用常用的实物演示外，还包括教师出示的模型、实物，如挂图；用投影教具、模拟教具进行的操作演示；放映物理录像片、电影片、幻灯片等声像教学以及利用微机进行的模拟实验等。随着现代教育技术的发展，演示实验的形态也变得更加丰富。具体来说，有各种实物演示器（仪）、电影、片段、物理图片、光碟、录像带、幻灯片、动画……随着各种技术的进一步发展及应用，将有更多形态的演示出现在课堂教学中，但大体上可归为两类：一类是传统的实物演示，主要是各种演示实验仪，还包括挂图等；另一类则是基于计算机技术及显示技术的多媒体演示，可以称为CAI演示，主要是用各种软件编写的动画模拟演示，如flash动画演示、java动画演示及投影、虚拟实验、电子物理图片等。

2.演示实验的作用

作为课堂教学的一部分，演示实验对教学只能起到辅助促进作用，而不能从根本上代替，正是由于它的这一本质属性，所以如果教师不能深刻地认识到演示实验发挥的作用，那么演示实验就很容易被忽视，甚至被忽略。

随着演示实验教学研究的深入发展，演示实验的潜力得到了充分的发挥，一些教师尝试着在不同的教学环节中引入演示实验，如引入新课、巩固新课或阐述概念、导出规律，甚至是讨论课中。不同的教学环节，演示实验能发挥不同的作用，但总的来说，有以下几点。

（1）演示实验直观地把物理现象和规律展现在学生面前，能加深印象，增强说服力。对一些在日常生活中难以见到的物理现象，由于学生的头脑中没有感性材料，所以只凭教师的语言叙述，学生难以理解。如果在教学中配合适当的演示实验，为学生提供必要的感性材料，教师讲授的内容就能很容易被学生接受。例如，当讲光线在晶体中的双折射现象时，教师可以先将一束He-Ne激光投射到教室的白墙上，学生在墙上可以看到一个红色光斑，然后教师将一块加工好的冰晶石晶体放入光路，白墙上则会出现两个红色光斑。通过演示实验再加上教师的讲解，学生们便会在这一感性认识的基础上，很快地消化教师所讲授的知识。

（2）演示实验可以有效地培养学生观察、分析及实践能力。在物理教学中培养学生的观察能力是一项重要的任务。观察是获取感性知识的途径，可以为思维加工提供素材。善于观察才能更好地发现与探索，而利用演示实验能有效地分析物理现象和物理过程，同时还能促进学生实践能力的培养。在物理教学中，教师要给学生创造条件，尽量让学生参与操作，亲手使用仪器，排除故障、改进、创新等，这是从书本上所不能学到的。例如，在力学课中演示锥体上滚，学生会看到锥体从导轨低处向高处滚，只有这种现象引起了学生的兴趣，通过仔细观察才能发现问题的本质。

（3）通过演示实验可以活跃课堂气氛，提高课堂教学效果。在讲授中，教师可以穿插一些演示实验，使视、听结合，调节学生神经系统的兴奋中心，提高学习效果。虽然大学生一般自制力较强，课堂上能对所学课程保持较长时间的关注，但如果能增加学习兴趣，效果会更加明显。例如，阻尼振荡的演示实验，在教室前面挂一个大铁球，上课时教师把铁球拉过来，从鼻尖处释放，当球摆出去又荡回来时，教师还站在原来的位置不动，而学生则怀着各种不同的心情注视着球，以为球会撞到教师的鼻子，然而球在鼻尖前停顿一下，又摆出去了，球有可能撞到鼻子吗？阻尼振荡的讨论拉开了序幕。当然，演示实验还有其他一些作用，有待教师去认识和发掘。充分认识演示实验的作用是教师真正重视演示实验教学的前提。

3.演示实验类型的选择

在物理教学中，选择哪一种类型的演示实验也是值得教师研究的问题。例如，对一般现象明显、易于观察的实验，教师可采用常规、传统的方法进行演示，既直观又生动真实，可以收到很好的教学成果；现象不明显的，学生不容易看清楚的，教师可以考虑采用其他类型。到底如何选择，教师可以参考罗米斯卓斯基（A. J. Romiszowski）设计的流程图，虽然该流程图是为媒介选择设计的，但是由于演示实验类型的不同实际上也就是表现的媒介不同，故对教师选择演示类型有参考作用。

将媒介的选择过程分解成一系列按顺序排列的步骤，每一步都提出一个问题。这些问题由教师或教学设计者用“是”或“否”一个个回答，被引导到流程图的一个个分支上去。教师每一次回答都排除了一些最初可利用的媒介。回答完最后一个问题后，剩下的最后一种（或一组）媒介被认为是最适合教学目的的媒介。

（四）演示实验教学模式的基本要求

1.实验设计思想要明确

实验设计思想是实验原理与实验构思、实验装置与实验要求、实验方法与实验技术、实验教学策略与实验教学程序在实验教学设计中的综合反映与运用。明确实验设计思想，是进行实验教学的前提。例如，通过演示“沿绳传播的波”来说明波的形成和传播的演示实验，如果没有弄清楚其设计思想，就不能把握实验的关键，即使拉着绳子摆动半天，也不会形成明显的波。要想实验成功，选择什么样的绳子、如何悬挂、怎样摆动都是有讲究的，而这些关键性的问题，不会在以学生为读者对象的课本中进行说明。这就要求教师要以物理学、物理学科教育学的理论、思想和方法为指导，对实验教学设计进行全面的研究，从宏观上准确把握实验的设计思想。教师只有弄清实验的设计思想，才能合理地选择实验器材、实验装置、实验条件和显示方法，才能真正把握实验的关键及操作要领，才能制定出科学的实验教学程序，有效地调动并指导学生参与观察和思考，才能正确地进行实验创新设计。

2.实验目的要明确

演示实验的选用与设计都必须从教学目的出发。引入新课时运用演示实验，目的往往侧重于引导学生对所研究的问题产生兴趣，或者是提出问题，唤起学生的思考。因此，这类实验要求尽可能新奇、生动、有趣。在概念形成和规律的建立过程中运用演示实验，目的往往在于提供必要的感性材料，引导学生思维活动的发展。因此这类实验要求教师能够突出本质的联系，使学生形成正确、清晰的物理图像。如果运用演示实验来巩固、深化、应用物理知识，就必须注意突出实验的思考性以及理论联系实际的要求。

3.实验现象要明显直观

演示实验一般是一人演示，多人观察。因此，要使实验现象明显直观，仪器尺寸要足够大，仪表的刻度线要粗细适当，并充分考虑仪器背景色彩对比、放置高低以及物体运动方向，必要时应借助机械放大、光放大、电放大等手段。同时，要考虑调动学生视觉、听觉、嗅觉、触觉等多种感官协同作用，以强化有用信息的刺激。为了使学生在感知基础上顺利地进行抽象思维活动，演示实验还应力求仪器简单、过程明了，突出物理原理，排除非本质因素的干扰，尽可能直观，少拐弯抹角。所以要提倡随手取材、自制简易教具进行演示实验。

当然，这里主要是指实物演示实验，而对于其他类型的演示实验，一般都比较容易解决这些问题，但在设计、制作及显示时，一般也要考虑到这几个方面。

4.实验要安全可靠、确保成功

在物理实验教学中，教师不能让学生暴露在不适当的危险中。具体来说，在演示实验操作过程中，应遵循以下要点。

（1）不要演示可能有害学生健康的实验。

①无不可控的爆炸。

②无烟火。

③不尝试实验化学试剂。

④不要将皮肤暴露于有潜在危险的化学试剂中。

⑤在没有通风的情况下不产生烟、气。

⑥在没有给学生提供防护的情况下，无高声或强光发射反应。

⑦无β和γ射线泄漏。

（2）对每一个演示都要有书面的操作程序。

（3）知道所有的与演示相关的活动、化学试剂、装备的危险情况。

（4）有关于使用化学试剂及装备实际效果的信息。

（5）在附近有合适的紧急安全设备。

（6）在操作化学试剂和机器时佩戴适当的个人防护设备。

（7）给离演示很近的学生提供防护设备。

（8）处理好用过的物质。

（9）演示前后完成的一些简单的核查项。

实验前应检查好这些事项：日期、演示操作人、楼栋、房间号、可用的办公室电话、观察演示学生的精确数目、演示实验的类别（生物、化学、地理或者物理）、过程描述、危险物质列表、操作者的个人保护装置、观察者的个人保护装置。

5.实验要有启发性

演示实验的教学目的不仅是给学生以鲜明、生动的实验表象，而且要抓住学生出现的兴奋时机和“愤”“悱”状态，启发诱导学生分析、推理、判断、概括，把感性认识上升为概念和理论，让学生知其然，更知其所以然。因此，演示实验要富有启发性。在设计和编制演示程序时，要在启发性上下功夫。首先，以趣激疑，将认知矛盾转化为思维的动力。其次，在演示实验过程中不断引导思维，调动学生把观察和思维紧密结合起来积极思考，使学生的认识由表及里、逐步深化。

6.配合讲解，引导观察思考

观察是科学研究的开始，是外界信息输入的窗口。著名的地质学家李四光说：“观察是得到知识的重要步骤。”巴甫洛夫把“观察，观察，再观察”当作座右铭。在演示实验之前，教师要明确观察目的，做好观察准备；在实验过程中，教师要设法创造条件，突出观察对象，排除次要因素干扰，并教给学生观察方法，引导学生从整体到局部、再从局部到整体进行观察，培养学生正确的观察思路与方法；采用纵、横对比，正、反对比的方法，指导学生透过表面现象把握事物本质。

二、演示型物理教学模式的方式与策略

（一）多媒体在演示型物理教学模式中的应用

随着计算机技术和信息技术的飞速发展，多媒体技术在教学中的作用越来越重要，现代演示型物理教学模式中借助的工具主要是多媒体，因此介绍物理演示实验教学模式主要是介绍如何在物理教学中使用多媒体。但仅仅把多媒体引入教学过程是不够的，并不是所有用多媒体包装起来的教学模式都能产生好的效果。许多设计与制作者对教学设计和展示的问题很少给予思考和讨论，以至于在教学过程中充满了各种概念性与操作性错误。因此，对如何在物理教学中运用好多媒体也是如何才能在物理教学中运用好演示实验教学模式的问题。

（二）如何在物理教学中正确使用多媒体

1.如何使多媒体在物理教学中的效果最大化

教学工作者一直所追求的目标就是使教学的效果最大化。而多媒体教学的普及受到限制以及其发展面临停滞的原因不是软件和硬件的缺陷，而是使用者没有正确认识多媒体对教学可以起到的积极影响，以及没有熟练掌握运用多媒体的技能。

演示型多媒体教学软件画面直观、尺寸比例较大，可以根据教学思路向学生逐步呈现教学内容，不过对学生来说是一种被动的接受型学习活动，需要配合多种启发引导方法方能收到更好的教学效果，如设置问题进行观察学习等，但在进行启发引导时要注意设计的趣味性以及对教学的应用。

现代的发展物理教学观强调在知识技能的基础上开发学生的智力，强调开放式教学，让学生学到不断更新的知识和掌握认知过程，特别注意创设学习情境，鼓励和启发学生自己去探求、得出结论，解决问题，并逐步建立和发展自己的认知结构和学习策略，培养信息处理的能力，培养批评性思考、创造性思维和解决问题的能力，培养应变能力与实验能力。因此，为了最大限度地提高教育、教学的效率、效果，教师必须有效地利用一切可利用的人类资源和非人类资源，借助一切教学方法和媒体手段的协同作用来实现教育、教学目标。

从这个意义上讲，演示型物理教学模式不仅仅局限于多媒体教学。教学内容的内在结构就是学科知识结构的组织设计，是教学设计的基础；教学内容的外在表现形式，即如何最佳利用多媒体来展示教学内容是教学设计的手段。结构严密、构思精巧、乐趣教学是设计的方向。

2.运用多媒体进行物理教学的原则

要注重科学性、教育性、启发性原则。把内容和形式统一起来，强调理论与实践相结合，注重软件设计的可操作性。在物理教材的选择上要广泛收集与教学内容有关的各种多媒体光盘素材，要有充分的信息量，根据教学对象的不同选取教学媒体素材。遵循先设计后制作的原则，同时兼顾屏幕的清晰度、文件的大小、运行的速度等问题。在制作多媒体课件之前要充分考虑各方面的条件，对课件进行事先设计。成功的展示来自成功的设计，必须尽心尽力，细致周全，花费一些时间把基础打好，为它展示提供了一个强有力的架构，可以让后继的展示畅通无阻，这一点是接下来演示教学成功的关键一步。如果以一种匆忙和随意的态度进行处理，在目标无法精确地加以界定的情况下，学生只能模糊地了解知识。框架的搭建、材料的筛选，要有针对性。确定明确的目的，按目的来选材；制定理想的目标，按目标决定材料的取舍。设计幻灯片是为了激发学生对问题的兴趣，掌握知识的主题脉络和主要的学习内容，完全没有必要面面俱到。多媒体教学软件的设计一定要考虑各种媒体的有效性，而不是无原则地拼凑和粘贴，更不是简单的资料存储器和播放器，它应成为教师用以构建能充分发挥教师主导作用、体现学生主体地位的新型教学模式的有力手段，应成为学习者学习的认知工具。

教学内容的组织要循序渐进，避免跳跃性过大；不要假定听众对你的展示主题有兴趣，要增加内容的趣味性，要和主题相关；每一堂课都要设计一个高潮，按照注意力曲线，每个小主题要尽可能短，以便听众能保持最高的注意力；要将听众记住的要点放在开始和最后。多媒体的综合使用能改善教学效果，也会影响教学效果，关键问题是各种多媒体的运用“度”。多媒体的滥用会造成费力不讨好的效果，制作加工前一定要仔细斟酌用何种多媒体教学效果最好，有目的地选用，把教育性放在第一位才能发挥多媒体的综合效果。为了提高教学课件的运行速度，建议减少图片和图像画幅的数量和大小；减少图片和动画的颜色数和位数；将重复用的图片、声音、动画放入库中；压缩声音文件和视频文件；缩短母版中动画出现的时间；降低幻灯片切换时动画的复杂性。

3.多媒体演示教学的技巧

教师在进行正式教学之前，要先对课件进行几次演练，如此才能避免多媒体在实际教学中出现问题，打乱教学进度，而且也可以预估到物理教学过程中可能出现的各种问题。要想使教学实现预期效果，教师一定要非常熟悉课件和教学内容。

进入实际教学之后，教师要注意使用通俗易懂的教学语言进行表述。物理往往是描述一些抽象事物，因此教师要尽可能将抽象化的概念具象化。例如，借助类比的方式，让学生简单轻松地了解其中内涵。语言要以激发学生的求知欲望，让学生倍感亲切为目标，引导学生自主思考，不可使用说教式的语言。在讲解时，多用较为大众化的语言，减少专业术语的使用，如果要提到一些陌生的专业词汇，尽可能在屏幕上显示出来，加深学生的印象，避免误解；每节课都要为学生留出提问的时间，及时根据学生的反馈对教学方式和内容进行调整；教师可以在课间为学生播放一些轻松的内容或者具有欣赏性的图片，以便调节紧张的课堂氛围；关注学生的听讲状态，根据其注意力集中情况适时调整教学进度。所有的改变和添加都要基于学生和听众的心理，这种操作才会有效。

教师要确保教室的环境亮度既可以让屏幕画面清晰地显示出来，又保证学生能够观看到记录。在讲课时要以清晰、洪亮的声音来准确表述教学内容；语调也要适当地进行升降、停顿等。多媒体教学大大节省了教师写板书的时间，且让教学有了更大的信息量，因此一定要保证讲课节奏适中，不可过快，否则学生跟不上。课堂上字幕的显示不能过快，要留给学生阅读和记录的时间，在需要记笔记时，应向学生指出重点，并做适当的标记；当需要记录的内容较多时，教师要先朗读一遍，并做适当停留，留出学生做笔记的时间，便于学生记录后更能集中精力听讲后面的内容；在播放一些声音和视频图像信息前，教师可以给予提示，以便学生能够集中精力去听和看。没有解说词的重要画面，教师要用响亮的声音提醒学生注意或做极简短的说明。教师使用遥控鼠标时，不能经常在投影机与投影屏幕之间走动，影响显示效果和教师形象；过长的放映时间，会使学生眼睛疲劳，教师应该在适当的时机关闭画面或使屏幕黑屏，保护学生视力。

教师应熟悉各种设备的使用与切换，根据设备特点合理使用各种设备；应将讲课的内容演示在课程开始前准备好，避免在上课过程中将查找幻灯片的过程显示在屏幕上，学生看到后容易分散注意力；一般采用将屏幕转换到其他通道再查找幻灯片的方式。“以人为本”是教育活动的一部分，教学中不仅要有知识的传授，而且要充满人文关怀。现代多媒体演示教学不仅除去了教师板书的时间，还要求教师在现代教育思想、教育理论、学习理论、教学设计理论等方面的指导下，设计符合时代要求的新的演示型教学课件，如此才能培养出现代化的学生。

第三节 大学物理分层教学模式

一、分层教学模式理论

（一）分层教学模式的理论依据

分层教学模式的理论依据古已有之。我国很早就提倡“因材施教”，这是一个很好的例证。但没有形成一整套有系统的教学理论。国外的一些学者，如著名心理学家、教育家布卢姆，苏联著名教育家巴班斯基等分别提出了“掌握学习理论”“教学最优化理论”。他们都从不同层面解释了人获得知识的方法及教师需要用分层教学的手段来实施教学。后来苏联著名教育家苏霍姆林斯基提出的“人的全面和谐发展”思想，关键就是实现人的全面和谐。具体内容如下：第一，多方面教育相互配合；第二，个性发展与社会需要适应；第三，让学生有可以支配的时间；第四，尊重儿童、尊重自我教育。

分层教学模式就是依据以上教学理论、根据教学实际对学生的实际水平分情况教学的教学模式，分层教学模式也是在以上理论基础上不断完善建立的。

（二）分层教学模式的好处

1.有利于所有学生的提高

分层教学重视学生在接受新知识之前个体的差异性，因此分层教学根据不同的因素把学生分成不同的层次，然后进行教学。分层教学法的实施，避免了部分学生在课堂上完成作业后无所事事的情况，同时，所有学生都体验了学有所成，增强了自信心。

2.有利于课堂效率的提高

首先，教师事先针对各层次学生设计了不同的教学目标与练习，使得处于不同层次的学生都能“摘到桃子”，获得成功的喜悦，这极大地优化了教师与学生的关系，提高了师生合作、交流的效率；其次，教师在备课时事先估计了在各层中可能出现的问题，并做了充分的准备，使得实际施教更能有的放矢、目标明确、针对性强，增大了课堂教学的容量。

总之，通过这一教学法，有利于提高课堂教学的质量和效率。

3.有利于教师能力的全面提升

通过有效地组织对各层次学生的教学，灵活地安排不同层次的策略，极大地锻炼了教师的组织调控与随机应变能力。分层教学本身引出的思考和学生在分层教学中提出来的挑战都有利于教师能力的全面提升。

（三）分层教学模式的设计环节

1.学生编组

学生编组是实施分层教学的基础。为了加强教学的针对性，根据学生的知识基础、思维水平及心理因素，教师在调查分析的基础上将学生分成不同的层次，并对各组制订不同的教学计划和预设不同的教学目标。

2.分层备课

分层备课是指根据学生分组的不同层次准备不同的教学课程，课程的难易程度不一样。当然，如果有条件，为不同分组的学生准备的课程形式也可以不一样，以获得最好的教学效果。分层备课是实施分层教学的前提。教师要在透彻理解大纲和教材的基础上，确定不同层次的教学目标。

3.分层授课

分层备课后就要分层授课，分层授课是实施分层教学的中心环节。教师要准确把握好各个层次学生的标准，把握好授课的起点，处理好知识的衔接过程，减少教学的坡度。

4.分类指导

在教学过程中，教师对不同层次的学生应采取不同的方法进行指导，这是实施分层教学的关键。教师的指导要因人而异，体现“因材施教”的教学原则。除此之外，还要进行作业批改、成立课外活动学习小组等，加强对各层次学生的指导，促进学生由低层次向高层次的转化，使学生整体优化，进而发展学生的个性特长。

分层教学要遵循学生的心理认知规律，使学生在教师的引导下对新知识进行探索，但不同的学生自身基础知识状况、对知识的认识水平、智力水平、学习方法等都存在差异，他们接受知识的情况就有所不同，如果教师采取“一刀切”的方法，势必会产生“优等生吃不饱、中等生吃不好、学困生吃不了”的结果，优等生将对教师失去信心，觉得在课堂上学不到他们想要的知识，转而自己去扩充知识，但缺乏合理的指导；中等生不愿意与教师交流；而学困生则害怕“吃”，也“吃”不进去，这样就会进入一种恶性循环。

二、分层教学模式的方法与策略

（一）分层教学模式的不同种类

随着分层教学模式在教学中的不断应用和教学改革的不断推进，分层教学模式也不断演绎，涌现了不同的形式。分层教学的形式主要有以下几种。

1.课堂教学分层模式

课堂教学分层模式是指依据学生各科的水平将其分到不同的课堂进行学习的教学模式。课堂教学分层模式在分层教学中是一种重要形式，属于新型教学策略的范畴，这种教学分层既包括显性分层的特征，又包括隐性分层的元素。教师通过对学生调查、深入观察了解学生实际，知晓班内每个学生的学业基础、知识水平、当前的学习状况，利用小组合作学习模式促使“教师”与“学生”之间、“学生”与“学生”之间的互助合作和激励，给每个学生提供自我表现、自我展示的平台和发展空间。分层是不固定的，可依据时间的不同对学生的分层进行调整，可以是一个学期，或是一个月，甚至是一个星期。这给学校的管理提出了新的挑战，给学校和教师带来了更大的工作量。另外，学生学科间的差距也是比较大的，所以分层针对的是“学科”而不是“学生”，也就是说同一名学生，好的学科可能分到较高层次，不好的学科可能分到较低层次。学科分组会使多数学生各科目处在不同的层次上。

2.班内分层模式

上面提到的课堂分层教学给学校的实施带来了一定的困难，多数学校不具备打破现有行政班的条件。但是在一个班级中必然会出现学生处于不同水平层次的情况，如果还要求一样的教学目标，是不利于教学效果最大化的。班内分层教学可以保留目前的班级结构，为不同层次的学生准备相应的学习任务，包括课下作业、教学评价、检测反馈等都“因层而异”。

具体做法是，了解差异，分类建组；针对差异，分层目标；面向全体，因材施教；阶段考查，分类考核；发展性评价，不断提高。这在实际操作中相对课堂分层教学模式可行性较强。

3.分层走班模式

根据开学初进行的评价考试，按照学生学业基础和现有水平，将学生划分为几个层次，组建新的行政班，并采取“走班”教学模式。新建立的班级和原有的“行政班”管理基本相同，“走班”意在根据学生学科的基础，根据学生目前掌握知识程度的差异分班上课。“走班”从形式上看是一种大规模的“流动式”分层。它的特点是根据学业基础把学生分层，把不同层次的一个群体分成层次不同的多个群体，教师面向的是学业基础相似、能力相当的学生，在授课时针对性最强，从安排教学目标、选定教学内容、组织教学实施上看更具有针对性，教学效率更高。既能照顾到“学习困难生”的为难情绪，又能为“学习优等生”开阔视野，扩展知识面，达到各个班级学生乐于受教的目的。

（二）分层教学模式实施的原则

1.可接受性原则

巴班斯基认为，“可接受性原则要求教师在安排教学任务、准备教学内容、设定教学方法时要充分考虑到学生的基础和可接受能力，让他们在思维上、体能上和精神上得到适度的刺激，不至于感到压力太大，负担过重”。在分层教学中，只有教师考虑到不同层次学生的实际，因材施教，才能有效提高学生的知识基础，激发其学习动机，调动其兴趣爱好，培养其学习方法，提升其认知能力。为了保证每个学生都能结合自己的水平，建立适合自己的学习目标，从而达成学习目的，教师要全方位、准确细致地了解学生的现实情况，通过对学生智力、非智力因素等的全面调查，如通过摸底测试了解学生学习成绩、学习基础，通过个别谈话、问卷、家访、座谈等了解学生个性爱好、学习特长、学习劣势。有了这些数据，教师就可以翔实、准确、科学地对学生层次进行划分，为分层教学做好准备。

2.递进性原则

教学分层要注意递进性原则，切记避免在教学过程中把分层的含义理解成给学生“贴标签”。分层的目的是对学生的学业基础进行区分，为不同基础的学生提供不同的学习任务和学习目标。在分层的教学中要注意手段方法，不能伤到学生的自尊。在物理教学中，教师要正确理解“分层是途径，成长是目的”的含义，如果教师能通过多样的评价方法，适时改革评价方式，多给予学生赏识性评价、肯定性评价、激励性评价，那么学生的学习会取得更好的成效。

3.全体性原则

通过分层教学，让每个学生发挥特长，通过自己独特的方法实现自己的目标，让每个学生都有收获，让每个学生都能不断成功，让每个学生都能健康成长，是分层教学的重要目标。全体性原则要求处理好共性与个性、同步教学与分层教学、“分班”教学与“走班”教学的关系。

教师授课时面对的是全体学生，教学设计和安排应向中等生落实。对中等及中等偏下的学生的教学设计要有梯度，让他们都能在自己能力范围内进行尝试；优等生的学习重在点拨，这样能为绝大多数中等及偏下的学生提供合适的学习环境，也能给优等生留下提升的空间，让学生们的发展有下限、无上限，把原来关注部分学生转变成关注全部学生，把提升整个层次学生的发展作为目标。

4.动态性原则

心理学表明，人们对待事物的态度是稳定的，但受到环境和心理兴奋度的影响，其时常会发生变化，不同的阶段有不同的特征，所以对学生进行分层教学不是一成不变的，而是一个相对运动的、阶段特征显著的动态过程。因此，教师要对分层不断地做出调整，可依据学生的反馈信息、课堂教学的结构、不同时期的学习内容进行调整，调整要及时准确。通过分层练习和分层考试、分层指导与分层评价，将学生的内在动力开发出来，使学生都能有较为明显的提升。

5.主体性原则

分层教学最终还是要调动学生的主动性。其实施不能只停留在理论研究上，也不能只限于教师的计划和安排，计划要具体、翔实。例如，分层教学模式重在落实，分层教学环节的设计和对学生的具体要求都要落实，只有让学生动起来，把学生的积极性调动起来，让他们成为学习的主体，教学才能真正落实。

根据物理教学大纲安排、教材内容、考试大纲的要求以及新课程提出的新的任务，制定合适的分层教学目标，不是一件容易的事，它需要通过研究讨论才能最终确定，需要教师在教学的过程中不断学习，不断根据教学实际情况对教学模式加以调整，才能最终达到教学效果的最大化。

第四节　大学物理同伴教学法

一、同伴教学法及其要素

本节的研究课题是在大学物理教学中进行较为系统的同伴教学法策略研究。所以有必要对同伴教学法的基本知识进行充分的了解，在充分领会同伴教学法精髓的基础上，提出合理的策略。本节笔者就同伴教学法的概念和要素做简要介绍，为后续的策略设计打好基础。

（一）同伴教学法概述

哈佛大学著名教授Eric Mazur在20世纪90年代创立了改变传统教学的教学方法——同伴教学法。同伴教学法是专门设计的一种用于揭示学生错误概念和引导学生深入探究的概念测试题，借助反馈系统，引导学生参与教学过程，变传统单一的讲授为基于概念的自主学习和合作探究，有效地改变传统课堂教学手段，构建学生自主学习、合作学习、生生互动、师生互动的创新教学方法。

Eric Mazur教授创立的同伴教学法经多年发展已经具有较为稳定的教学流程。同伴教学法的基本目标是在课堂上利用学生的互动，使学生将注意力集中到学习本质概念上。不同于传统教学对课本各个层次和细节的介绍，同伴教学法是围绕关键知识点进行讲授的。所以同伴教学法要求教师在课前能结合自身教学经验和学生的知识基础对教学内容进行调整，判定哪些是课堂中必须涉及和详解的关键知识点，从而使每节课的内容都能围绕几个关键知识点展开。在课堂中，教师在完成一段知识点的讲解后，应通过投影仪等设备提供相应的能检测学生概念学习情况的概念测试题。学生得到问题后先独立思考1分钟并通过相应的反馈方式将独立作答的答案发送给教师，然后教师根据学生作答情况给予相适应的教学措施。若学生独立作答的答案正确率大于70%，则说明此概念较为简单易懂，学生的概念学习情况较好，大部分学生已掌握了该知识点，教师只需结合概念测试题，针对错误答案进行讲解就行，原本作答错误的学生应该有能力改正自己对概念的错误认识，从而进入下一主题的学习。若学生独立作答的答案正确率在30%～70%，说明有相当一部分学生在此概念的理解上存在困惑，教师应组织学生进行同伴讨论，使同伴经历交换意见、产生分歧、说服对方的互动过程，从而达到促进学生正确理解概念的目的。讨论时间一般安排在1～2分钟。在讨论过程中，教师也可以参与其中，指导学生如何正确有效地讨论，并在讨论中获取学生得出错误答案的原因。在讨论结束后，学生再次发送答案。

Eric Mazur教授和其他研究者在研究中发现，在讨论之后，学生的答题正确率会有明显提高，所以教师根据答案结果针对错误有选择性地进行简要讲解后即可进入下一主题的教学。若学生独自作答的正确率小于30%，则说明只有少数学生理解此概念，绝大部分学生对此概念并没有很好的掌握，在这种情况下答对者没法说服其余大部分人相信自己的答案是正确的。此时教师应当发挥作用，放慢讲解速度，把该知识点讲解得更细一点，并用另一概念测试题再次测试学生对这个概念的掌握情况，以这样的教学流程促进学生对物理本质概念的理解。

（二）同伴教学法要素

Eric Mazur教授提出的同伴教学法具有一种较为稳定的教学流程，但是研究者实施的同伴教学法并非一成不变的，国外研究也表明教师可以根据实际教学情况对同伴教学法的实施过程做出适应性调整。笔者认同该观点，认为在教学中教师不能全搬照抄，应具有创造性的研究。但是通过查阅文献和阅读相关书籍，笔者发现在实施同伴教学法时有三项要素是必须存在的，如果不具备这三项要素，就不能称之为同伴教学法。在进行同伴教学法策略研究时，研究者也应该确保这三项要素的存在。笔者认为同伴教学法的要素主要包括概念测试、同伴讨论、反馈这三项。

1.概念测试

概念测试是同伴教学法中一个至关重要的观念。同伴教学法的基本目标是使学生将注意力集中到学习本质概念上。在同伴教学法中，概念测试能促使学生在不断推进的辩论中思考问题，同时提供给学生（也提供给教师）一种方法来评定学生对概念的理解。Eric Mazur教授认为概念测试题的设计和创立是将传统的课程讲授转变为同伴教学法所需要的最大的努力。因为同伴教学法的成功很大程度上依赖于概念测试题的质量和有的放矢。Eric Mazur教授指出，概念测试没有必须要遵守的规则，但它们至少要满足一些基本标准。

Eric Mazur教授在《同伴教学法——大学物理教学指南》一书中指出，概念测试题需要满足以下几个基本标准。

第一，针对一个概念进行测试。之所以提出这个标准，是因为只有针对单个概念的概念测试题，才能让教师根据学生的答题情况来准确判断学生在理解概念时遇到的问题和难点，并为学生答疑解惑。若一个概念测试题中涵盖了两个或多个概念，教师就很难确定学生究竟是因为哪个概念不熟练才出错，也就无法为学生进行针对性讲解。

第二，解答无需依靠公式。同伴教学法与传统教学法的一大不同点就在于前者重视学生对概念的理解。因此，教师在设计概念测试题时，要注意让学生关注学习本质概念，所以题目应无需公式便可解答。

第三，答案有适当的多项选择。合理的选项是判断一个概念测试题成功的标准。学生在学习概念时可能会觉得自己已经完全掌握了概念，但实际上并非如此。只有当学生面临问题时，在知识结构中潜藏的各种缺陷才会真正暴露出来。因此，教师设计的概念测试题应有合适的各种选项，应尽可能把学生在认知上的问题暴露出来，并通过概念测试巩固知识。

第四，要有明确的题意，且难度适中。在设计概念测试题时，教师应注意把握好难度。同伴教学法指出，当学生单独作答时，正确率只有30%～70%，而如果可以进行同伴讨论，那么正确率将会有明显提升。若学生单独作答的正确率不在这个范围之内，那就意味着概念测试题的难度需要进行调整。因此，教师要让概念测试题有适宜的难度，将概念测试题的作用最大限度地发挥出来。

2.同伴讨论

同伴讨论是同伴教学法中的重要环节，同伴讨论的质量高低对同伴教学的效果有重大影响。同伴教学法中通常以课堂中的同班同学为同伴，进行同伴讨论。这样做的原因是学生们往往比教师更能有效地把概念解释给彼此。因为学生在刚接触并理解概念的过程中，存在知识构建的过程，在构建过程中，学生能清晰地意识到这个概念存在哪些难点，所以他们清楚地知道在给同伴解释的过程中要着重强调什么。而教师往往已经多次接触讲课内容，知识架构早已形成，脑海里对概念理解的难点的印象已经消失，向学生讲授知识时往往抓不住需要着重讲解的难点。而同伴教学法将课堂同伴范围从教师扩大到同班同学，有效地弥补了传统课堂中的缺点。综上所述，同伴讨论在同伴教学中具有重要地位，如何在同伴教学中有效组织同伴讨论是同伴教学法策略研究需要着重关注的地方。

3.反馈

同伴教学法的优点之一是教师通过概念测试的答案分布，及时得到学生对概念理解的反馈。Eric Mazur教授在《同伴教学法——大学物理教学指南》中提供了三种反馈方式供研究者借鉴。

（1）举手。学生在回答问题之后通过举手来反馈答题情况是一种最为简单且比较有效的反馈方式。其将全班的理解水平向教师呈现一个总体状况，让教师能够因此来掌控讲课速度。但这种反馈方式在精确性上存在不足，一部分原因是有些学生在举手时会犹豫不定，另一部分原因是教师通过举手难以估计答案的分布。除此之外，举手存在的另外一个缺点是缺少永久的记录，这为后续的研究带来困难。

（2）统计表。统计表能解决举手不能进行永久记录的缺点。在运用这种方法时，学生需要在讨论前后分别记录答案和确信度。通过这种方法，教师在进行同伴教学法之后可以得到一个巨大的数据库，其中包括出席人数、理解程度、进步大小以及同伴教学法的短期效果。但统计表的缺点在于每次课后都需要做一些额外工作，而且因为这些数据在整理之后才会有用，因此在反馈上会有延迟。

（3）计算机响应系统。计算机响应系统是一种集及时反馈和永久记录为一体的反馈系统。学生在计算机设备上选择答案，通过手持计算机设备，答案就可以传输到教师的计算机设备上，通过投影的方式，教师和学生就能及时知道概念测试题的答题情况。这个系统的主要优点在于结果的分析即刻可用。另外，教师将学生的信息（如班级、座位）保存在计算机设备中，可以为后续的研究提供数据的支撑。不足之处在于计算机响应系统需要较高的资金投入，在实际操作中存在一定困难。

总的来说，三种反馈方式都可以在同伴教学中使用，但教师若想在课堂教学中获得更好的效果，并在课后对同伴教学法继续研究，计算机响应系统则是三种反馈中最好的选择。但是，该方式资金投入较大，如何降低计算机响应系统的资金成本，是同伴教学法在推广和研究中需要考虑的问题。

二、同伴教学法理论基础

同伴教学法能在短时间内获得世界范围内的关注并获得巨大的成功并非偶然，教师可以从理论角度尝试对其进行解释，分析其成功的原因，为同伴教学法的后续研究提供理论上的支持。在本节中，笔者将主要对研究中涉及的理论基础进行简单的整理阐述。

（一）系统科学三原理

系统科学三原理是在控制论、信息论、耗散结构论、协同论、超循环论等多种理论的基础上，通过整合，总结得出的科学原理。其基本原理是反馈原理、有序原理、整体原理。这三个原理对教育教学具有重要的启示，可以为教育研究提供理论上的支撑。

1.反馈原理

反馈原理作为系统科学三原理的原理之一，在教育管理和教学方法中有普遍的指导意义。反馈原理认为任何系统只有通过反馈信息，才可能实现有效的控制，从而达到目的。教育也是一个系统，教育的目标是使受教育者能在一定的时间内达到一定的目的。能否达到这个目的，需要教师随时了解教育的现状，找出与达到目的之间的差距，从而改革教育，这就必须应用反馈原理。如果不能及时得到反馈信息，则教育这样的系统就不可能得到有效的控制。

在教学中，应用反馈原理十分重要，作用很大。对学生来说，反馈信息可使学生改正错误，强化正确，找出差距，促进努力。对教师来说，反馈信息可使教师掌握学生的学习情况，改进教法，找出差距，提高质量。在学习上，反馈原理认为学习是学习者吸收信息并输出信息，通过反馈和评价知道正确与否的过程。吸收信息、输出信息、反馈信息、评价信息是一个完整学习过程的必要因素，四者缺一不可，而且时间不能拉得过长，不及时反馈，不及时评价，就会大大影响学习的质量和效果。实验表明，在一日内进行反馈，会有较好的反馈效果。有一些学生学习效率低，主要原因之一就是虽然花费了时间“学习”，但并未真正学习。有的教师教学质量不高，主要原因之一是不及时听取学生的反馈信息，不及时给予学生以评价信息，长期如此，教学质量必然不高。因此，教师与学生之间相互的反馈信息非常重要，否则不能形成真正的教学。

在传统的大学物理教学中，正是因为缺乏合理及时的反馈机制，所以教师花大力气教，学生费力学，却始终收效甚微。Eric Mazur教授提出的同伴教学法则在教学中提供了合理及时的反馈机制。在同伴教学法中，教师首先讲授知识点，使学生吸收知识，再根据知识点给出概念测试题，让学生思考讨论并做出选择，输出信息，利用课堂反馈系统及时将学生的概念测试题的答题情况反馈给教师，使教师及时掌握学生的学习情况，并根据学生的答题情况给予合理形式的教学策略，对学生的反馈给予评价，从而形成师生之间合理的反馈系统，有效地提高教学质量。所以，同伴教学法中的反馈机制是同伴教学法能获得巨大成功的一个重要因素。在同伴教学法策略设计中，教师也应该着重思考如何根据实际情况进一步完善同伴教学法的反馈机制。

2.有序原理

有序原理作为系统科学三原理的原理之一，在教育教学中同样能给人以启发。有序原理认为任何系统只有开放、有涨落、远离平衡态，才可能走向有序。所谓“有序”指信息量走向增加，即熵走向减少，组织化程度走向增加，即混乱度走向减少，系统由低级的结构变为较高级的结构为有序，反之为无序。有序理论认为，系统要进化，要从无序到有序，有两个必要条件：第一，系统必须是开放系统；第二，系统必须远离平衡态。

将开放系统作为进化到有序的必要条件是因为组织理论指出，只有系统与外界有物质、能量、信息的交换时，系统才有可能走向有序。系统必须远离平衡态是因为当系统处于平衡态或是离平衡态不远的近平衡态时，即使是开放系统，与外界有物质、能量、信息的交换，但系统的自发趋势仍是回到旧平衡态，而不会达到新的状态，系统只有远离旧平衡态才有可能形成一个新的平衡态。人类的学习过程，同样是一个不断远离平衡态的过程。有序原理启示教师在教育中要促使学生成为开放系统，让学生尽可能多地与外界接触进行信息交换，并在教育教学中采取合适的手段让学生远离旧平衡态，为学生走向新的有序创造条件。

同伴教学法给予了学生更为开放的系统，使学生在课堂中不仅能与教师进行交流和信息交换，而且可以与同学进行交流。同时在概念测试题的测试中，学生能借助同伴讨论，快速及时地发现自身在概念理解上存在的误区和盲点，在与同伴交流的过程中，通过语言的交流和思想的碰撞，可以有效破除自身原有的对概念的错误认识，远离错误的旧平衡态，从而达到新的正确的平衡。由此可见，开放的系统也是同伴教学法获得成功的原因之一。如何使同伴教学的系统更为开放，使学生尽可能扩大信息交流范围，且在系统中进行更为有效的交流，使学生较为顺利地远离旧平衡态而达到新的平衡，是值得策略研究者思考的问题。

3.整体原理

整体原理作为系统科学三原理之一，在三原理中起着整合的作用，应当成为教育理论的重要基础。整体原理认为任何系统只有通过相互联系形成整体结构才能发挥整体功能。整体原理告诉教师，不仅应注意发挥各部分的功能，过要发挥各部分相互联系形成的新的功能。同伴教学法将概念测试题、反馈机制等各个有效的部分，以合理的形式组织起来，形成了一种相对稳定的教学流程，使其在实施过程中能发挥更大的作用。

（二）学习金字塔理论

学习金字塔理论是由美国著名学习专家埃德加·戴尔在1946年提出的学习理论。学习金字塔理论认为学习方式的选择对知识的保持率有很大影响。学习金字塔告诉人们，对于听到的东西人们最容易忘记，对于教别人掌握的知识人们记忆犹新。美国教育家M.希尔伯曼在《积极学习》中也论证了课堂同伴教学的意义。“对于我学习的东西，我会忘记。对于我听过和看过的东西，会记得一点。对于我听过、看过并问过问题或与人讨论过的东西，我会理解。对于我听过、看过、讨论过和做过的东西，我会从中获得知识和技能。对于我教过另外一个人的东西，我会掌握。”教育家们在早期已经论述了学生在经历同伴之间合作、交流、讨论，然后学生小组拿出事实依据努力说服对方认同自己的答案的学习过程后，更容易掌握所学的内容。同伴教学法的做法正符合学习金字塔理论，在教学中不仅通过教师教授的方式让学生来学习，而且利用同伴教学，为学生提供了交流、合作、讨论，自主探究、获得知识，教别人掌握知识等多种更为高效的方式，让学生更容易理解所学知识，并对此记忆深刻。

（三）S–P表评价法

S-P表评价法是由日本学者佐藤隆博等人推出的一种简单直观的分析试卷的科学方法。此方法能从考试结果中挖掘丰富的信息，来诊断学生的学习情况和试题的出题情况。S-P表评价法主要包括构成理论和分析理论。

1.构成理论

S-P表又称学生—问题表。其中，S（Student）指代学生，P（Problem）指代问题：S-P表是由学生和问题两部分信息组成的矩阵，矩阵元均以“0、1”表示。

2.分析理论

S-P表评价法是一种能从考试结果中挖掘丰富信息，诊断试题的出题情况和学生的学习情况的科学方法。它不仅可以利用画出的S-P曲线图从整体上对试题的出题情况和学生的学习情况做出评价，还可以通过计算具体的评价指标——警告系数对学生、试题从细节进行评价，从而考察教学效果。

三、同伴教学法策略设计

本部分主要结合同伴教学法相关的理论基础和访谈结果，在大学物理教学中，从课前、课堂、课后三个阶段针对同伴教学法的教学实施进行策略设计，提出同伴教学法策略。

（一）同伴教学法课前准备策略设计

同伴教学法作为一种以同伴讨论形式为主的教学方法，可以加深学生对本质概念的学习。这种教学方法看似主要集中于课堂中，其实课前的准备也是必不可少的。同伴教学法要求教师在课前能对教学内容进行整合，放弃部分知识点的讲解，针对关键知识点展开教学。但是我国的大学物理教学中通常要求学生能在学习中掌握比较完整的物理知识框架，以便为后续专业课程的学习做准备。同伴教学法和课程要求的冲突应该激发教师去思考如何解决这一问题，通过之前的学生访谈发现，课前预习是一种比较好的能弥补这种缺陷的方式。

学生可以通过课前预习、自学，掌握部分知识点，在此基础上，教师在课上只需针对关键知识点展开同伴教学，从而达到两者兼顾的效果。另外，同伴教学法要求教师在授课之前要设定每节课必须涉及的概念，并围绕几个关键概念进行授课，而大学物理课程概念的特点之一就是概念繁多，每节课的内容都包含大量的概念，教师如何从这些大量的概念中准确地挑选出关键概念，不仅需要从知识内容本身考虑，还需要从学生角度考虑，从学生处得到反馈。由此，预习在同伴教学中的作用就显而易见了，笔者也将主要从预习的角度出发，从教与学两方面进行同伴教学法课前准备策略的设计。

1.学生课前预习学习策略设计

由访谈可知，进行课前预习对同伴教学法来说非常必要，且大学物理课程的难度较大，各种概念很难理解，倘若根据一定的预习策略进行预习，学生就可以有目标地阅读课本，较为系统地了解课本中的各种概念，从而实现有效的概念预习，因此学生一定要学习如何正确地进行课前预习。

教师可以将学生在过去预习中出现的不足和缺点作为出发点，为学生设计具有针对性的自主预习策略。在同伴教学法中，之所以要采取预习学习策略，是因为要让学生了解要预习的范围，从而通过网络教学平台或者阅读课本来简单地理解和整合课本中的知识，通过预习思考题来了解将要学习的内容，并借助回答阅读测试题检查自己的预习效果。学生在开始预习新知识时，必须先了解知识的确切范围，之后教师会为学生布置预习思考题，题中会涵盖教学的内容以及知识框架，而学生会在教师布置的题目的引导下，自主在网络教学平台与课本上预习背景资料，对一些概念有初步的理解，简单整合知识，并用自己的表述方式来解答预习思考题，预习任务就是学生在回答题目的过程中完成的。在此基础上，学生会继续进行阅读测试题的作答，以此来检验自己掌握概念的情况，巩固刚刚预习的知识点，并将自己在学习过程中出现的问题和遇到的困难向教师反馈，从而帮助教师调整教学设计与教学内容。

2.教师课前预习教学策略设计

预习能帮助学生对课本教学内容有一个初步认识，对大学物理同伴教学法的实施具有重要作用。但从学生的现状来看，目前能够在课前自主预习的人非常少。尤其是大学一年级的新生，他们大部分处在由高中学习方式向大学学习方式转变的过渡阶段，还没有从高中学习中被教师“推着走”的状态走出来，也没有形成较好的自主学习能力，很少有学生有意识或习惯进行课前自主预习，未能掌握自主预习的方法。这就要求教师要采取相关措施督促学生进行课前有效预习。

在同伴教学法的课前预习中，笔者主要通过任务驱动的方式督促学生进行预习。通过提出任务，让学生明确预习内容，带着任务有目的、有计划地进行预习，明确预习的重点，暴露预习的难点，提高预习的质量和效率。教师布置的预习任务要与本节课的重点相吻合。任务包括学生本节课需要掌握的重要概念。任务内容的难度要适中，不能过于简单，不能出现学生看一眼课本无需进行知识理解就能直接找到答案的情况；任务也不能过于困难，当涉及复杂的需要理论推导才能习得的概念，教师提出任务时应从问题的表面入手，让学生对此概念先有一个大概的印象，不能强求学生通过预习能全面理解。因为过于困难的任务会打击学生学习的信心，导致学生学习兴趣下降，学习效率降低。因此任务的难度应处于学生通过阅读课本和网络教学平台预习背景资源，并通过简单的知识整合和理解就能解决的水平。

在预习中，教师可以选择多种方式促使学生完成预习任务，如思考题形式、选择题形式及其他能检测学生概念预习情况的任何形式都可以作为备选形式。例如，在大学物理的同伴教学法中，为了帮助同伴教学法更好地实施，可以设计以预习思考题和阅读测试题为主要形式的预习任务。预习思考题主要是以问答题的形式呈现，教师在课前根据章节的知识框架罗列出重要的概念，并以问答题的形式提出，让学生围绕相关问题通过阅读课本和网络教学平台预习背景资源，在阅读的基础上让学生经历理解和知识梳理过程，运用自己的语言来回答相关问题。设计预习思考题的主要目的是让学生在问题的引导下完成预习，掌握部分简单概念，初步构建知识框架。另外，学生在回答预习思考题的过程中，会在言语中暴露自主预习中的认知困难，这为教师了解学生的预习情况、为教师调整课堂教学内容提供了依据，但一般来说，预习思考题中暴露的问题是比较模糊的，只能从整体上把握学生的预习情况。所以为了进一步掌握学生预习的具体情况，教师需要借助阅读测试题。阅读测试题主要以单项选择题的形式考察学生在通过自主学习后，对具体概念的掌握情况，考察学生对相关概念是否有正确判断的本领。设计阅读测试题的目的主要有两个：一是将学生预习的具体情况反馈给教师，教师通过统计阅读测试题的答题情况，根据具体的阅读测试题，准确地掌握学生的预习情况，把握学生自主学习中的错误认知及主要原因，由此积极调整教学内容，有针对性地对关键知识进行讲解；二是当学生完成阅读测试题后，其通过查阅得分和参考答案能对自己进行有效的自我评价，明确自己认知的不足，从而能在课上有针对性地听课和讨论，提高学习效率。综上所述，在预习中，教师先以预习思考题为任务引导学生正确有效地预习，之后进一步以阅读测试题为任务检测学生具体概念的掌握情况，这样一个有序推进的过程，能帮助学生顺利完成预习任务。

在以任务驱动为主的课前预习教学策略中，教师可以利用纸质预习报告和大学网络教学平台的课程作业栏目帮助学生预习。例如，在课前3～4天通过班级QQ群的形式向学生布置预习思考题，为防止学生出现网络抄袭的情况，答题形式为纸质作业，并告知学生若出现雷同作业则按抄袭处理。预习思考题一般为4～8题，学生根据阅读课本内容和网络教学平台预习背景资料，在理解的基础上运用自己的语言回答思考题，并于课前一天上交纸质预习报告。在学生上交预习报告后，教师对纸质预习报告进行批阅。根据学生的回答情况，教师将在当天晚自习期间在大学教学平台的课程作业栏目放置适当的阅读测试题。在阅读测试题的设计和选择上，教师一般选择学生在预习思考题中普遍存在认知困难和预习思考题中的重点概念设计阅读测试题。阅读测试题一般为5～8题，题目数量可以根据教学内容进行适当的增加或减少，阅读测试题的难度一般较低，所以学生一般15分钟即可完成，在学生完成阅读测试题的测试后，教师将在当天晚上批阅阅读测试题，并在第二天课前公布答案。学生可以根据得分情况对自己的预习做出自我评价，教师也可以分析预习思考题和阅读测试题的作答情况及时了解学生预习情况，调整教学内容。

第一，扩大预习的范围，不仅要预习课本，还要从网络教学平台上预习背景资源，之所以如此，主要有两个原因：一是根据有序原理，如果想让学生在旧知识平衡状态下较好地达成新知识的平衡状态，一个要素就是开放系统，学生接触外界越频繁，系统就越开放，学生也就能进行更多的信息交换，而从理论上来看，如果学生可以进行较多的信息交换，那其对知识的理解就会更加容易。因此预习的范围不能局限于课本，而是要充分利用网络教学平台中的资源进行预习，学生可以通过这种方式达成更好的预习效果；二是学生如果单纯依靠课本内容，无法更好地预习比较抽象的大学物理概念，而且大部分学生没有能力和途径来寻找合适的课外预习资料，因此教师可以直接在网络平台为学生提供一些预习资料，如实验视频、研究背景等内容较为浅显的材料，帮助学生将抽象物理概念与实际相结合，保证有效预习。而且学生通过多种途径理解了知识，就有了更加丰富的证据和例子参与同伴讨论，有利于提高课堂同伴讨论的效率。

第二，转变预习方式，从过去学生阅读摘抄知识点的方式转变成教师按照章节知识提出相应问题，学生使用自己的语言作答的方式。之所以要做出如此改变，是因为在过去的预习方式中，学生只会阅读与摘抄知识点，如果学生的自学能力和预习能力较差，就很难达成预期中的预习效果。而且如果是刚升入大学的学生，在这方面的能力更是薄弱。因此如果单纯让学生自行阅读与摘抄课本中的知识点，会让学生陷入一种无意识、无目的的预习状态中。事实证明，许多学生在这种预习状态下很难形成知识体系与框架。任课教师作为掌握课本与大学物理知识的人，可以站在更高的层次整理一个完整的知识框架，并通过提问让学生了解该知识框架，了解学习中的重点内容。通过阅读课本以及网络教育平台的预习资料，学生在使用自己的语言作答时，可以通过这个同化的过程加深对知识点的掌握程度，并在问题的引导下形成知识框架，教师也可以根据学生的回答来了解知识的难点，从而有针对性地调整教学内容。学生在这一系列的自主预习流程当中，可以实现合理、有效的预习，做好学习物理知识的心理准备，教师也能事先了解学生对学习内容的预习情况，适当调整教学内容，保证课堂同伴教学法的顺利实施。

（二）同伴教学法课堂实施策略设计

1.同伴教学法反馈策略设计

同伴教学法的优点之一是教师通过概念测试的答案分布，及时得到学生对概念理解的反馈。由此可以看出，反馈在同伴教学中占据重要的地位，反馈设备的适用性往往从一定层面上决定同伴教学法的教学质量。因此可以主要从反馈设备上进行策略设计。

通过学生和教师访谈可以得知，一般大学原有的手机终端反馈系统已经不适用于70～80人的大班教学了。学生在使用这种形式的反馈系统过程中，有时会出现网页打不开、答案发送不出去、接收延迟等情况。在这种情况下，可以向学院软件设计和硬件设计的专业教师寻求帮助，向他们反映同伴教学法课堂及时反馈的需求，由他们开发出专门用于同伴教学法的反馈系统。该反馈系统主要由学生终端即答案发送器、教师终端即答案接收器、软件三者构成。

在此反馈设备系统的帮助下，学生在课堂中进行概念测试题作答时，可以通过学生终端将测试答案发送出去，因为设备的专用性，所以任课教师通过教师终端可以立即接收学生的答案，通过软件，学生的答题情况可以出现在软件界面上；为了方便任课教师查看学生答题情况，软件的答题情况查看界面有两种形式，其中一种是学生列表模式答题界面，可以显示学生的学号、姓名等信息，当任课教师点击“开始答题”按钮后，界面会出现对应的题号，学生选择答案后，在题号下出现对应学生的选项，当任课教师点击“答题结束”按钮后，学生停止答题，任课教师将正确答案输入教师对应的答案栏，系统会自动以红色和绿色判定学生答题的正确与否（红色代表答题错误，绿色代表答题正确），并在对应题号的最下方显示答题正确率。任课教师通过该界面可以了解每个学生的概念测试题的具体答题情况，但缺点在于对答案的座位分布无法很好地掌握，同时也无法掌握错误答案的占比情况。此时，任课教师可以点击“模式切换”，将界面切换到图形模式，则可以看到对应的答案座位分布，并可以利用柱状图查看各选项的答案分布。由此全面地掌握学生概念测试题的答题情况，有利于任课教师在课堂教学中做出更为有效的教学策略。

这样的反馈系统在控制成本的情况下，满足了同伴教学法在课堂上即时反馈和永久记录的需求，为同伴教学法及策略实施带来了极大的帮助。

2.同伴教学法同伴选择策略设计

同伴讨论的质量好坏直接决定着同伴教学法的教学效果，而同伴讨论的质量与同伴选择的恰当与否又息息相关。合适的同伴能在讨论中给人以启发，激发学生的讨论兴趣，产生思想碰撞的火花。Eric Mazur教授虽然在阐述同伴教学法的过程中，提到学生在选择同伴时可以自行选择，无需分组。但这是与国外大学生在课堂中善于交流、乐于交流的习惯相关的，他们从小接受的教育促使他们拥有这种习惯，所以在国外的大学物理课堂中，无需分组也能获得较好的同伴教学效果。但是，国内的大学生在课堂中习惯充当“听者”的角色，一般不善于在课堂中交流，更不愿意与不太熟悉的人交流，在无组织的情况下，学生一般不愿意开口，频繁地更换同伴会使学生一直难以进入讨论的状态，所以在国内实施同伴教学法时，教师有必要为学生确定同伴，引导学生有效讨论，而分组则是一个很好的同伴选择方式。教师在给学生分组时应坚持“组内异质，组间同质”的原则。所谓“组内异质”的原则是保证一个小组内的学生各具特色，能够相互取长补短，即小组成员是异质、互补的，这样就保证了小组在同伴交流中有更多、更丰富的信息输入和输出，可以激发出更多的观点，使学生对概念形成更深入、更全面的认识，一般来说分组是从学生的成就异质、性别异质等方面考虑进行组内异质分组；所谓“组间同质”指组与组之间的结构要基本一致，在学生学业成就等方面组与组之间要做到基本相似。“组间同质”的原则，能够保证全班学生都能在较好的同伴环境中进行有效的讨论。

3.同伴教学法课后延伸策略设计

通过学生访淡和交流可知，在课堂同伴教学结束后，部分学生对部分概念的理解仍然存在困惑，但在课后一般找不到途径去解决问题，长此以往，必然对同伴教学法的后续学习造成困扰。由此来看，同伴教学法中的“同伴教学”不仅应该在课堂上存在，而且在同伴教学法的课后学习中仍然需要，这也与有序原理中开放系统的观点相契合。

为了使学生在课后也能进行同伴教学，教师应该设计相关的课后讨论题。设计课后讨论题的目的主要有两个：一是希望借助课后讨论题帮助学生解决课堂概念理解的困惑；二是希望课后讨论题能发挥巩固加深概念理解的作用。在这种目的的指导下，课后讨论题的选择范围就比较广泛，为了帮助学生解决课堂中的概念理解困惑，教师可以根据学生上课的情况，将课上学生掌握较差的概念，以问题的形式发布在课程讨论区，同时学生也可以将自己存在疑问的难题发布在课程讨论区。另外，为了帮助学生巩固加深概念的理解，教师可以提出一些延伸性的讨论题，这种讨论题一般是课堂中教师未曾讲过，但是学生通过对已学概念进行整理后，使可以解决的。对于延伸性的概念测试题，教师应注重学生的参与度，回答的正确与否无需太过在意。当题目发布后，学生可以随时登录网络教学平台在主题下发表自己的见解。

为了保证课后讨论的顺利进行，教师要进行组织和把控，每周教师需登录1～2次网络平台的课程讨论区，对学生的讨论情况进行总结和分类，对于学生无法解答的问题，教师应该在该帖下适当的提供思路，激发学生的进一步思考；对于通过积极参与的同学，教师应在贴下留言给予鼓励，让学生获得成就感；对于讨论已基本完成的课后讨论题，教师应该在贴下留言，对此讨论题做适当的总结。总之，教师应积极地参与到课后讨论中，不能让学生处于无组织的散漫状态。

将网络教学平台作为课后同伴教学平台主要有以下两点考虑。

第一，学生已经可以较为熟练地使用网络教学平台，且比较认可通过网络教学平台来辅助同伴教学。

第二，网络自身存在独特的优点，其可以作为课后同伴教学平台。与课堂同伴教学相比，网络同伴教学平台不受时空的限制，学生可以用自己的零碎时间或者任意时间登录大学网络教学平台，和同伴一起讨论。除此之外，网络教学平台并不需要面对面的交流，这对于一些在课堂中比较拘谨、害羞的学生来说，可以更加自如地参与到问题讨论当中，教师乃至全班同学都能以同伴的角色提出各种各样的观点，引发相关的讨论，学生得以从各种渠道和途径加深对概念的理解。而且网络教学平台可以直接记录各种数据，记录所有的讨论主题以及下方跟帖，如此一来，提出问题的学生可以通过反复观看来巩固提高，其他也存在此类问题的学生也能直接通过该主题解惑，资源共享优势显著。因此，网络教学平台对同伴教学法的课后学习有很强的辅助作用。

此外，网络教学平台还应将培养学生的物理计算能力作为目标。虽然实施同伴教学法的优点数不胜数，然而这种教学方法确实严重压缩了课堂例题的讲解时间。学生很难在课堂上锻炼自己的物理计算能力，这导致其在课后做计算题作业时，往往一筹莫展，无从下手。而网络教学平台中有相应的教学资源区，教师可以将一些例题的详细解析上传到网络平台当中，让学生在课后自主锻炼自己的计算能力。之所以要用自学方式，是因为在经历了课前预习以及课堂教学之后，学生已经大概掌握了基础概念，如果难以作答计算题，那大概是接触的例题讲解太少，以及缺少解题思路的原因。而一般情况下，借助图形和文字就可以点拨学生的思路，为学生呈现清晰的例题解答步骤。

四、与策略相适应的测试设计

同伴教学法策略共分为课前、课堂、课后三个环节，每个环节都有相对应的作业或者测试题。在课前预习环节，教师需要设计与章节相关的预习思考题和阅读测试题，以任务驱动学生进行合理有效的预习；在课堂教学环节，教师同样要思考如何设计概念测试题激发学生的讨论兴趣；在课后环节，为了弥补部分学生课上没有掌握的概念，如何设计出学生课后讨论题，加深学生对概念的理解也是需要教师思考的。

（一）课前预习思考题的设计

预习思考题的作用是引导学生有效预习，自主构建知识框架，所以预习思考题的编写十分重要。预习思考题是以问答题的形式呈现的，在编写预习思考题的过程中，教师需要根据已有的教学资源，提出一系列问题引导学生有目的地预习。预习思考题的难度要适中，难度过低会使学生不阅读课本也可以找出答案，这样达不到预习的目的；难度过高会使学生阅读后也无法解答，打击学生的学习兴趣。难度应把握在学生通过自主阅读，梳理知识点，并进行简单的知识整合后，便可以用自己的语言进行解答。此外，因为教师需要通过提问的形式帮助学生在预习中初步构建知识框架，所以提问的内容既要较为全面又要注重层层递进。

以“黑体辐射”“光电效应”“康普顿效应”这三个模块的教学为例。在这部分教学中，学生需要知道什么是黑体和黑体辐射，对黑体辐射的研究背景有所了解；理解光电效应的实质和主要的实验结论，并能做相关的计算；对康普顿效应有所了解。根据这些要求，可以在预习时布置一些预习思考题和阅读测试题。

设置的预习思考题的难度不宜太大，要让学生通过阅读课本和提供的预习资料就可以解答，不涉及复杂的推理和计算。针对概念进行考察，但又不是在课本中直接摘抄大段的文字可以解决的，需要学生有一定的知识整合过程，同时层层深入的问题串的提出，又能帮助学生梳理知识框架。

（二）课前阅读测试题的设计

阅读测试题主要考察学生对具体概念的掌握情况。阅读测试题只有在确保学生已经预习的前提下才能发挥作用，所以有必要将其安排在学生完成预习思考题的基础上进行。因为学生是在预习的基础上完成阅读测试题，而且阅读测试题又相对简单，学生一般只需花费10～15分钟即可完成，所以可以将其安排在课程前一天的晚自习时间发布在大学网络教学平台，学生可以利用手机或者电脑设备完成阅读测试题，测试的目的是让教师了解学生对具体概念的掌握情况，也帮助学生在自我评价中考察自己的预习效果。阅读测试题的编制应在充分分析学生预习思考题的基础上，尽量避免用复杂的计算去考查学生的计算能力，而应更多地结合预习报告中的重难点概念和缺漏有针对性地设置阅读测试题，以考查学生的基本理解和记忆能力为主。在阅读测试题的设计中，选项的选择通常是非常重要的，合理的干扰选项能暴露学生预习中存在的问题，使教师能够准确把握学生的认知困难在哪里，能积极调整教学内容，并在课上有针对性地讲解。

下面以大学物理“黑体辐射”“光电效应”“康普顿效应”三个模块的知识为例，通过设置阅读测试题考查学生对具体概念的掌握程度。

阅读测试题1.下列说法正确的是（　　）。

A.物体在高温下会产生热辐射

B.单色辐出度指物体表面辐射功率与辐射出的波长的比值

C.辐出度指物体表面发射的包含各种波长在内的辐射功率

D.在相同温度下，单色辐出度与单色吸收率的比值对于所有物体都相同

设计思路：本题主要考查学生对黑体辐射相关的基础概念的理解情况，共考查了热辐射、单色辐出度、辐出度、单色吸收率四个概念。此题的正确答案为D。在设计该题时，教师首先需要考虑将哪些概念作为干扰选项，一般来说，应选择学生容易出现概念认知偏差或者较为抽象的概念作为选项，在此基础上笔者选择了A、B、C这三项内容。在干扰选项的设置上，A选项是利用学生生活中常见的错误前概念作为选项，干扰性比较强；B、C选项则是对正确的概念叙述做出细微改动后形成的干扰选项，若学生原本就对概念理解不明确，则很容易选择错误答案。总体来说，三个干扰选项干扰性较强。在这种情况下，学生若能选择正确，说明学生不仅掌握了正确选项的概念，而且对其余三个错误选项能正确识别，实际上掌握了四个概念。通过阅读测试题的选项分布，教师可以准确判断哪些概念是学生未掌握的，哪些概念是学生已经掌握的，同时在错误选项的分布中明确学生的认知错误点在哪里，对教师课上是否需要讲解这些概念、如何讲解提供了依据。

阅读测试题2.普朗克认为（　　）。

A.频率为v的谐振子，其能量可取连续的量值

B.构成黑体的粒子是许多带电的线性谐振子

C.谐振子的能量取决于振幅和频率

D.以上说法都不正确

设计思路：本题主要考查普朗克对黑体辐射的解释，在内容上，这个概念是本次的关键概念。此题的正确答案为B。从设计的思路来说，在选项内容的选择上四个选项基本包含了普朗克对黑体辐射的解释的全部内容。在干扰项的设置上，是通过对正确概念进行细微叙述完成的。教师根据学生的答题正确率可以知道学生在预习中对该知识点的掌握程度，根据选项的分布可以获知学生在预习中概念理解的错误点，能在课堂中有针对性地讲解。

（三）课堂概念测试题的设计

对于概念测试题的设计和创立，Eric Mazur教授已经提出了一些基本原则，其主要包括以下几点：

（1）针对单个概念测试；

（2）不依靠公式即可解；

（3）有适当的多项选择的答案；

（4）题意明确、难度适中。

概念测试题除了要注重这些原则以外，还需要注重可讨论性和趣味性，做到这点才能激发学生的学习兴趣。此外，同伴教学法课堂策略对反馈流程做了策略上的调整，使得每一道概念测试都需要进行同伴讨论过程。在这样的基础上，概念测试题的可讨论性和趣味性就更加值得关注。在同伴教学法实施过程中，新奇的、与生活相关的实例尤其能启发学生的讨论兴趣。以下面这道概念测试题为例。

概念测试题例题：你应该怎么做?

你以25km/h的车速在一个狭窄的单行道上拐了一个弯，突然发现前方一辆相同的车以25km/h的速度笔直向你开过来。你有两个选择：一是迎面撞上这辆车；二是打个弯迎面撞向旁边结实的混凝土墙壁。在这千钧一发之际，你决定（　　）。

A.撞上那辆车

B.撞上墙

C.撞上其中一个

这是一道考查学生动量定律学习情况的概念测试题。因为在概念测试题中具有合理的问题情境，这让学生觉得所学物理知识与生活实际相关，从而激发学生的学习和讨论兴趣。这样的题目给教师以启示，教师可以对原本的概念测试题进行合理问题情境的添加，使原本脱离生活实际的概念测试题变得鲜活，与生活紧密相连。根据这种与生活实际相结合的原则，笔者在第二学期的同伴教学法实施中对部分概念测试题做出了修改，将概念测试题生活化。

（四）课后讨论题的设计

同伴教学法的课后讨论题是在课堂同伴教学结束后实施的，其目的是帮助学生解决课堂遗留的问题，并帮助学生进一步巩固加深对知识概念的理解。所以同伴教学法的课后讨论题其实分为两部分：一部分讨论题是为了帮助学生解决课堂遗留的问题，这种课后讨论题的来源可以是教师针对课堂教学中学生普遍存在认知困难的概念提出的课后讨论题，也可以是学生根据自身情况提出的个人存在的认知困难；另一部分讨论题是为了帮助学生进一步巩固加深对知识概念的理解，相当于概念的延伸学习。此类课后讨论题的来源比较广泛，可以是课本中提及但未深入讲解的概念，也可以是由网络教学平台中的阅读资料和视频中涉及的可以利用所学知识解释的问题或者其他途径的与课程相关的问题。

此处，以部分课后讨论题为例，具体说明课后讨论题的设计情况。例如，学生在课堂电磁学的学习中无法很好地理解静电场线不会相交的问题，另外对电场的有源性和无旋性不是很理解，就可以将这两个问题编写成课后讨论题，让学生在课程讨论区进行同伴讨论。与此同时，课本中提及了电偶极子的概念但并未详细讲述，可以将此题编为课后讨论题，作为概念学习的延伸。学生也在课程讨论区提出自己的认知困难和同伴交流，如“菲涅耳斑是如何形成的？”“如果发射一个粒子，由于不确定关系，它是否会发生间跃或并不沿直线行进？”等问题。这些问题可以帮助学生在课后进一步推进同伴教学和概念的理解，使同伴教学由课内延伸到课外。

第五章　大学物理教学模式改革与创新

第一节　大学物理课程开放式教学改革

一、应用型本科院校的大学物理课程开放式教学的背景

第一，大学物理课时安排较少。一些应用型本科院校为实现应用型综合型人才培养目标，专业课程与实践环节所占比重较大，且强化数学、英语和计算机等课程训练，以适应学生考研与考证需求。这些院校的大学物理课程主要面向材料、机电、信息等工科专业开设，基本分为上、下两部分，设在一年级的两个学期，共80学时。由于大学物理知识结构庞大，课时相对不足，整个授课过程相对紧张，因而教学过程主要以讲授书本知识为主，课堂互动和知识扩展环节较少。

第二，大学物理课程与院校课程教学体系不协调。在与基础课程衔接方面，大学物理课程学习要以高等数学知识为基础，而这两门课程同期学习，可能导致学生对物理知识的掌握存在很大困难。在与专业课程衔接方面，大学物理课程学习周期长，与专业课程开设学期相距一年左右，导致学生学习专业理论时不会利用物理知识。此外，在就业与考研方面，该课程缺乏专业实用性，在研究生入学考试中为非考试科目，因此学生缺乏学习动力。

第三，大学物理任课教师任务重。物理教师教学任务重，在课堂教学中缺少时间创新课堂教学方式，缺乏精力开展课后指导。此外，教师因任务重而导致科研活动不足，缺少学术科研成果。

第四，学生基础薄弱。应用型本科院校的学生数学、物理等基础相对薄弱，入学后会参照学业指南和学习环境，选择有实用性和实践性强的课程，而

对理论性强的基础课程不够重视。

二、大学物理课程开放式教学的措施与实践

（一）根据学习进度调整课堂授课计划

大学物理学习需要用到微积分、线性代数等知识，教师在教学过程中要根据情况调整计划，如补充数学知识、调整章节教学顺序、增加习题与互动等。在教学实践中，以讲授牛顿运动定律为例，任课教师可以安排半个课时让学生使用微积分推导“匀速圆周运动的加速度公式”，然后利用半个课时分小组讨论生活中遇到的圆周运动实际案例，分析圆周运动在科技探索如宇宙飞船运行中的应用。根据学生基础课程的学习进度，适当安排学生使用数学知识推导物理定律，而对一些熟悉的理论定律如热力学定律等，留给学生自学。在教学过程中因材施教，让学生参与到教学过程中，提高其学习的积极性和主动性。

（二）紧扣专业需求、满足学生学习兴趣

不同专业的教学大纲根据专业特点有所区别，如材料专业强调物质结构理论，通信专业强调光电理论，机械专业侧重力学理论，因此在课堂教学过程中，教师要突出物理知识与各专业的联系，使学生明白大学物理是为专业课程学习打基础的，从而改善他们学习物理课程时的态度和学习效果。比如，随着电动汽车行业的快速发展，能源与动力工程专业的学生对电能与机械能的转换很感兴趣，有学生提出利用蓄电池给汽车提供驱动力，然后将车轮运动过程中的动能和热量回收转换成蓄电池的电能，从而将电动车变为“永动机”。该学生只是了解到电能、机械能与热能之间可以互相转换，但是没有掌握大学物理知识中的能量耗散和转换效率，因而提出的“永动机”是不现实的。在教学过程中，教师应针对该专业学生的学习需求，重点讲授电磁理论，并借助在线网络课程展示电磁理论在能源工程中的应用案例。

（三）借助教师科研与学科竞赛强化物理知识的应用

在一些应用型本科院校里，大学物理课程主讲教师均具有博士学位，主持了省级甚至国家级的自然科学研究等项目，在物理学科中获得了一系列科研成果。因此，在课程教学过程中，教师可以穿插科研活动与成果，为学生提供一个了解科学研究的窗口，全面展示大学物理知识在科研实践中的重要应用。此外，教师还可以收集各工科专业的科研成果，将物理理论与工程应用关联起

来，使学生明白大学物理知识在职业生涯中有用武之地，为学生学习大学物理课程提供动力。例如，江苏省每年秋季举办“大学生物理及实验科技作品创新竞赛”，致力于激发学生刻苦学习、勇于创新的精神，提高学生的科学素质及实践能力。在大学物理授课过程中，教师可以向学生宣传该赛事活动的政策和奖励，鼓励学生参加竞赛。教师可通过课程教学选拔基础扎实、积极主动的学生组成参赛团队重点指导培养，使之以个人兴趣为出发点，策划参赛主题与作品方案。在暑期加紧练习之后进行报名，参加初赛和复赛。该赛事作为省级比赛，在学生中具有较大的吸引力，教师可以借助这个机会使学生积极投身到大学物理课程学习中，使之学以致用，将基础知识转化成创新思路和科技作品。

第二节　大学物理课程模块化教学改革

社会经济发展到如今阶段，生命科学、电气工程、建筑、化学、计算机等各个领域的问题变得越来越复杂，问题间的内部联系盘根错节，每类问题源自同一现象的不同视角却得出迥异结论，技术与理论的研发已经不再局限于一个学科内或学科内的某个分支领域，而大学物理实验基于它的对象和方法的普适性、理论的成熟性，对各个学科具有强大的调和与指导作用，是应用型本科院校建设与发展过程中大学生知识、能力与创新意识协调发展的催化剂。它通过精心设计准备实验过程，排除次要干扰因素，使学生预测、验证或获取新的信息，然后通过技术性操作来观测由预先安排的方法所产生的现象，根据产生的现象来判断假设和预见的真伪；它最大限度地模拟了真实的科学发展的过程，通过多个基础性的实验让学生对物理的力、热、光、电、原子等概念有深刻的认识，对研究与发现过程有清楚的脉络，极大地拓宽了学生的视野，在学生的知识结构中加强了学科之间的交叉融合，使得大学物理实验在应用型本科院校转型中起到巨大的推动作用。

一、教师思想、观念的更新

教师是各门学科教学内容、教学方法的设定者，是教学进程的主导者。教师的教育教学思想对学生产生的影响不言而喻。“大学”非“大楼”也，乃

“大师”也。同理，要建设一所应用型名校，最重要的应是打造一支过硬的应用型教学团队。而在这个过程中，作为教师队伍的一员，笔者认为最重要的是增强自身的能力。从育人目标出发，重新审视自身能力和知识储备，从而更好地为自己充电。

（一）加强自身学习

教师应学习科技前沿知识，关注社会经济和科技发展现状。当前，世界科技日新月异，发展速度十分迅猛。这就需要物理教师在物理学的发展方向和如何将科学发展成果转化成生产力方面，做到比较了解，同时还应具备一定的预见性和前瞻能力。在教学中更好地激发学生的兴趣，指导学生进行课外学习拓展。

（二）拓宽视野，加强交流

多年以前，理科公共基础课教师引以为荣的是为学生展示公式的华丽、长篇的熟练推导、数学技巧的变化莫测。但是，这往往更适用于研究型大学，很多教学型院校基本的教学套路没有根本性地脱离此类思想。与之相比，提升学生的科技素养显得更为重要。在使学生获得足够物理学基础知识的同时，教师应在教学中有意识地锻炼其理论联系实际的能力、动手能力和工程实践能力。

（三）与数学教研室密切联系

高校可以设列大学物理课程所需要的高等数学知识点，并了解其授课时间，为物理课程开设学期和开课周的选择提供依据。大学物理两个重要的知识基础便是高中的物理学知识和大学的高等数学知识，但是在高等数学的诸多知识点中，与大学物理课程相关的内容相对固定，高校可与本校的数学教研室紧密沟通，尽可能在大学物理课程开始前让学生们掌握好相关的数学基础知识，以方便授课，节约学时，形成合力，使教学顺利进行。

（四）与各学院、各专业进行深入沟通

各专业的授课时间尽量统一，但授课内容要有所区别，方便教务系统对课程进行管理，方便各专业在知识上进行合理衔接，形成整个育人体系。在以往的教学中，各专业区分度不大，知识内容相对陈旧，教师应和各专业加强沟通，形成动态的、常态的沟通机制，适时针对各专业调整教学内容，让大学物理课程成为“理”与“工”的纽带。在教学中，使学生理解物质世界本质规律，了解科技发展前沿动态，熟练掌握基础知识的应用技能。在以往教学中，

容易在传统教学模式下忽略的物理学教学内容，很可能在将来的应用型人才培养过程中发挥作用。例如，量子计算机的出现可能使未来的电脑构造原理更新换代，那么计算机专业的学生是不是应该对粒子物理学和量子力学部分的知识进行学习呢？再如，随着通信、电子设备的迅猛发展，波动光学方面的物理学知识在相关行业中的应用也日渐增多。这就要求教师重新思考、调研，重新针对各专业需求设置教学内容，做到目的性非常强的“取”与“舍”。

二、分层次模块化大学物理实验模式的构建

（一）分层次模块化大学物理实验模式的基本要求

第一，基础性实验的教学地位必须保证。基础性实验指在教学中可以使学生具备基本的实验知识和基本的实验技能的实验，如长度的测量实验、密度的测量实验。这些实验可以使学生掌握基本的误差计算方法和实验数据的处理方法或实验报告的基本写作方法，并能使学生正确使用基本实验仪器进行测量、分析。它是为各理工科专业学生学习专业实践课程做基础性准备的，如果学生不能顺利地完成基础性物理实验，是不可能顺利地完成设计性和综合性实验的。因此，基础性实验的教学地位必须保证，也就是说，它必须包含到每一个模块的第一层次中。

第二，综合性、设计性实验要与理论课衔接起来。综合性、设计性实验要与理论课做好衔接，内容上要从易到难，教师必须根据应用型本科院校学生生源质量总体偏低的特点，使理论与实践课程间隔时间段不能太大，课程安排也应由浅入深，逐步提高大学物理实验的教学质量。

第三，应用性实验必须结合现有实验条件，根据地方、区域经济发展特点来建设。

（二）分层次模块化大学物理实验模式的内容构建

内容构建模块的具体内容主要体现在以下三个方面。

1.基础物理实验阶段

其一，基础物理实验应包含实验理论知识，如：物理基本常识、误差分析，概率分布规律的教学内容，误差分布规律的实验研究，如最小二乘法、实验不确定度计算、有效数字位数等。其二，基础物理实验应包含长度测量、密度测量、读数显微镜、万用表的使用、测金属丝直径等实验，让学生学习物理基本测量方法与技能，结合直接测量与间接测量、不确定度的传递等理论知识

完成实验报告。这一阶段的教学以课堂教学为主，教师发挥主导作用。学生必须循序渐进地完成实验的全部内容并写出较为完备的实验报告。这样，既加深了学生对误差分布的统计规律和测量结果不确定度概念的深入理解，又使学生学习了实验测量基础仪器的使用技能，并对物理实验基本程序、实验报告撰写方法等有了基本的了解。

2.综合性、设计性物理实验阶段

本阶段提高了仪器设备的复杂程度，提供了许多内容广泛、实验类型齐全、综合性较强，相对于基本实验来说难度较大，又贴合专业特点的实验课题。通信工程专业应包含以下实验，如示波器的使用实验、惠斯通电桥测电阻实验、电流场模拟静电场实验、电位差计实验、牛顿环测量透镜的曲率半径实验、迈克尔逊干涉仪测激光的波长实验、分光计实验等。这一阶段以学生实践为主，在实验过程中，教师只负责结合理论介绍实验原理，适时地进行指导等，具体的实验步骤的设计、数据采集及整理，直至做完实验、完成报告，均由学生独立完成，让学生在进行设计性实验时，感到自己是仪器的主人，这样其就会为了设计好一个方案，查阅多种资料，对其反复修改完善。其目的就是通过综合性、设计性实验的实践，让学生综合所学知识，全面灵活地加以运用，以此来培养学生的创新精神和发现问题、分析问题、解决问题的能力。

3.应用性实验阶段

应用性实验是在综合性、设计性实验基础之上结合专业特点，对学生的科学研究水平、项目的开发应用水平进行提高的实验内容，它更接近现代科学技术的发展方向。通信工程专业应包含光信息与光通信综合实验、电光调制实验、声光调制实验、塞曼效应实验、表面磁光克尔效应实验、音频信号在光纤中传输实验等。这些实验都是学生应用通信知识、开发相关技术的基础实验，可以为学生将来作为技术工作者或从事科研工作打下坚实的基础。这一阶段，教师主要提供实验条件，组织一些创新活动，与学生共同做一些小发明，以提高学生的兴趣与主观能动性。同时，也可以联系本区域相关领域的公司，让学生进行实地观摩，以激发学生的创新积极性。分层次模块化大学物理实验模式可以最大限度地利用现有的仪器资源对学生进行专业的培养，不仅激发了学生学习物理实验的兴趣和主动学习的热情，而且提高了他们自主学习、独立思考和独立操作的能力。

第三节 大学物理教学与实验结合的改革

大学物理实验是科学实验的先驱，体现了绝大多数科学实验的共性，在实验思想和实验方法等方面是其他学科实验的基础。因此，大学物理实验是高校理工科各专业学生必修的一门基础课程，是学生接受实验技能和实验方法的开端，是提高大学生实验素质、培养其实验能力的重要基础。它在培养大学生科学思维和创新能力等方面具有其他课程所不能替代的作用。应用型本科院校以应用型为办学定位，以区域经济、社会需求和就业为导向，着力培养实用型技术人才，教学目标紧扣"应用"二字而精心设计实验实践环节。因此，大学物理实验对培养实用型技术人才具有更加重要的意义。然而，从教学实践中可以看出，多数应用型本科院校尤其是民办高校，大学物理实验教学还存在一些弊端，如课程学时较少，教学资源匮乏；忽略学生现状，实验设置不能体现学生个性化的需求；教学方法死板，教学模式单一等。鉴于这种情况，对大学物理实验课程教学进行进一步的改革和创新是非常有必要的。

一、大学物理理论与实验教学整合

（一）调整教学计划、课程安排

在教学中，一般会遇到大学物理知识教学和物理实验教学谁先上的问题。著名教育学家王义道教授于2000年6月在第二次全国实验教学改革研讨会上说："课堂上没学过，怎么就不能做实验呀。"物理理论其实是通过实验总结的物理规律，在教学中有些学生认为"自己对于从实验中总结出来的知识掌握得更好"。以前的教学实践证明，对某一个知识点，可以先在大学物理课堂上教授，然后利用物理实验进行验证；也可以反过来，先让学生做物理实验，总结规律，再在大学物理课堂上进一步总结、提炼。但很多学校实验教学与理论教学间隔时间过长。很多高校在安排物理实验的时候，采用轮转表或学生自主选课的模式。这容易造成理论课与对应实验课程间隔时间过长。

在教学实践中，任课教师发现，如果理论与实验课程讲授同一个知识点

（如在大学物理课堂上介绍牛顿环，在实验课上做牛顿环实验）的时间间隔在两星期内，那么学生学习的效果会很好。如果超过一个月，效果会比较差，学生往往对所学内容与所做实验没有印象。所以在大学物理实验安排上，尽量不要有跨度，时间间隔不要太久。教师可以采取大学物理分层次教学，同时物理实验课程的安排应尽量与理论课程同期。

（二）整合教学内容

目前，由于编制、岗位等问题，理论课教师和实验课教师的角色不能互换；大多数高校理论和实验教学相互独立，互不往来，但偶有交流。很多高校的实验课教师很难把理论课教学内容融会贯通地应用到实验课教学中，因此较难取得好的教学成果。同样，很多理论课教师不清楚实验安排，内容上无法做到贯通。故学校应该创造条件让理论课教师参与实验教学，实验课教师也可以对理论课教师进行指导。

针对这种情况，最好的解决方案是让理论课教师和实验课教师共同组成教学班子，共同负责一个专业的物理教学，这对大学物理与工科各专业的结合也是有好处的。目前国内经常使用的大学物理实验书，一般分为“测量误差、不确定度和数据处理”“物理实验的基本训练”“基础性实验”“综合性实验”“设计性实验”“研究性实验”六个部分，这六个部分由浅入深，自成体系。有些实验，如密度的测量（训练学生使用比重瓶、物理天平），与理论课联系不大。但如牛顿环、转动惯量、迈克尔逊干涉仪等实验原理、实验内容，都与物理理论课程内容高度重合。教师可以在理论与实验教材中将这些部分加以标注，同时根据理论课的教学内容来安排实验。在理论课上，注意与实验相结合；在实验课上，注意与理论课相结合。相同的实验原理、内容不用在实验课和理论课中重复教学，而应相互融合。

在教学中，每一种整合措施都要以学生为中心，激发学生的学习热情和兴趣。在课堂上，以平时成绩加分的激励机制，鼓励学生积极思考如何将物理理论课程与物理实验内容结合起来。通过大学物理理论课和实验课的优化与整合，学生亲自走上科学探索的征程，这既有利于提升教学质量，也有利于培养学生的应用技术能力。

二、大学物理实验模式创新

（一）分层次、模块化教学

高考改革后，很多省份都是自主命题，高考的模式也不尽相同，于是就出现了同样是理工科的学生，但在高中选修测试的科目可以不同，即使是同一个专业的学生，选修测试科目也不尽相同的情况。就大学物理实验课程而言，把物理作为选修测试科目的学生一般均能将物理理论与实验知识结合起来，具有一定的实验基础技能，以及分析和处理数据的能力；而其他学生的物理理论和实验基础相对薄弱。这种差异随着应用型本科院校办学规模的不断扩大而愈发明显。

因此，大学物理实验课程的教学，必定要考虑学生实验基础的差异，进行分层次、模块化教学。在实验内容方面，打破传统的按力学、热学、电磁学、光学和近代物理等顺序编排的方式，遵循由浅入深、循序渐进的原则，考虑不同学生的物理基础和各专业物理实验的需求，把实验内容分成预备性、基础性、综合性、设计或研究性四个教学模块，其中基础性和综合性实验模块为必修模块，而预备性、设计或研究性实验模块为选修模块。预备性实验模块又被称为“前导性实验模块”，主要面向实验基础较差的学生，给他们提供一个前期的实验训练平台，使其尽快地适应大学物理实验课程内容，如单摆实验、测量物体的密度、测定重力加速度、测量薄透镜的焦距、测定冰的熔化热、测定非线性元件的伏安特性等。

基础性实验模块设置的主要目的是让学生学会测量一些基本的物理量，操作一些基本的实验仪器，掌握基本的测量方法、实验技能以及分析和处理数据的能力等，其主要内容包括力、热、电、光、近代物理等。例如，金属线胀系数的测量、转动法测定刚体的转动惯量、液体比热容的测量、示波器的使用、直流电桥测量电阻、霍尔效应及其应用、迈克尔逊干涉仪、分光计测量棱镜的折射率、光栅衍射等。

在综合性实验模块，其实验包含力学、热学、电磁学、光学、近代物理等多个领域的知识，综合应用各种实验方法和技术。这类实验设置的目的是让学生巩固在前一阶段基础性实验模块中的学习成果，进一步拓宽学生的眼界和思路，从而提高学生综合运用物理实验方法和技术的能力。这一模块的实验有共振法测量弹性模量、密立根油滴实验、音频信号光纤传输技术实验、声速的测定、费兰克-赫兹实验等。

设计或研究性实验模块主要面向学有余力、对物理实验饶有兴趣的学生。在这一模块，有两种教学方案。第一种方案是根据教师设计的实验题目、给定的实验要求及条件，让学生自行设计方案，并独立操作完成实验的全过程，记录相关数据，并作出独立的判断和思考。第二种方案是沿着基础物理实验的应用性教学目标的方向，组成小组，让学生以团队的形式自行选题、操作和撰写研究报告，完成整个实验流程。在此过程中，教师只需进行指导工作。通过以上两种方案，充分激发学生的创新意识、团队合作精神以及分析和解决问题的能力，使之具备基本的科学实验素养。这一模块的实验有自组显微镜、望远镜，万用表的组装与调试，电子温度计的组装与调试，非线性电阻研究，非平衡电桥研究，音叉声场研究等。

（二）开放式实验教学

大学物理实验教学是基础教学，主要的目标是培养学生的科学思维和创造精神。学生可以在开放式实验教学中有一个充分发挥的空间，借助这个实验平台展示自己充沛的创造力和活跃的灵感，最大限度发挥物理实验的作用。而且开放式实验教学也能让实验室中各种仪器设备的使用率上升，实现资源的充分利用，让应用型本科院校以最小的成本获得最大的效益。

各高校应该为学生创造更多的机会和更好的条件，更新教学观念，改革教学方法、教学内容和教学考核等环节。教师可为没有扎实物理学实验基础的学生提供预备性实验选修课程，可以独立完成课题的学生则在教师引导下开展专题实验研究。不过开放式实验教学也存在一些弊端，例如，教师的工作量会明显增多，选择的课题良莠不齐，难以把控考核标准等。因此，高校必须培养一支有敬业精神和改革精神的物理实验教师队伍。

（三）建立网络虚拟实验室

虚拟实验就是通过计算机和仿真软件进行模拟实验，信息技术的发展让虚拟实验教学成为培养应用型人才的重要手段。和投入大量资金购买专门的实验设备相比，虚拟实验的投入较少，可以有效缓解应用型本科院校在仪器、经费、场地等方面的压力。将虚拟实验引入大学物理实验教学中，也可以引起学生的学习兴趣。学生可以利用课后时间通过网上虚拟实验教学来复习和预习学习内容，而不用像进行传统实验一样受时间和空间的限制，从而有效提高学生的学习效率。而且有些实验所用的仪器结构复杂且昂贵，不是每个学生都有实际操作的机会，而通过仿真软件，学生可以直接在虚拟环境里模拟对精密仪器的操作，接触各种各样高端、先进的现代化设备，了解多种多样的科学实验方法。虽然虚拟实验终究无法完全取代真实实验操作，但对传统实验来说是一个非常好的补充，所以教师要将虚拟实验和传统实验这两种各有优势的教学模式进行有机结合，扬长避短，从而提高教学效率。

（四）以学生为教学主体，综合运用多种教学方法

传统实验教学的流程往往是教师调整好实验仪器，在课堂上先详细讲解实验原理、操作步骤和注意事项，然后进行演示，接下来学生机械地按照实验既定步骤和要求重复操作，最后提交一个大同小异的实验报告应付了事，甚至有的不做实验也能编造出大致的实验结果。这种传统“灌输式”的教学方法容易导致大学物理实验流于形式，不仅谈不上对学生科学思维的培养，而且在一定程度上还限制和扼杀了学生的创造力和想象力，难以激发他们对物理实验课的兴趣，更偏离了应用型本科院校对人才培养的目标和要求。因此，教师必须确立学生的主体地位，灵活运用启发式、引导式、交互式等多种课堂教学方法，充分调动学生的积极性和创造性。

1.启发引导式教学

在大学物理实验教学中，教师应该大胆摒弃传统教学思维，把课堂还给学生，专注于对学生能力的培养，善于启发学生进行独立思考。教师在实验中恰当地设问，并给予基本理论指导，然后由学生自行探索、分析和解决问题。但是，启发式教学也有很多难点，教师只有具备深厚的理论素养和丰富的实践经验才能进行指导，这不仅不意味着教学工作的轻松，反而对教师的职业素养提出了更高的要求。虽然传统课堂的机械灌输的工作量少了，但是实验的前期准备和过程指导多了，环节设置必须更加巧妙和科学，教师自身进行多次尝试后，确保实验的大方向不出错，实验方法相对成熟，才能更加有效地启发学生独立完成实验，进行更多的尝试和探索。否则，这种名为启发、实为放任自流的教学，不仅不能培养学生的创新精神，而且也不能真正发挥教师的指导作用，这将比传统的教学方法更加失败。

此外，结合大学物理实验的特点，教师应引导学生运用多学科的知识从多角度审视、分析和解决问题。例如，测量半导体P-N结的物理特性实验，教师要引导学生综合运用材料学、固体物理学、电子学等多方面的知识来完成实验；教师还引入激光全息照相、核磁共振等实验，使学生了解现代科技发展的前沿动态。全新知识点的引入将极大地激发学生的学习兴趣，使之领略物理实

验与现代科学的魅力。

2.交互式教学

交互式教学，就是让学生在充分预习的基础上，相互讨论或提问，积极参与教学实践，教师则适时给予补充或提问的一种双向交流的教学方式。在实验前，教师可随机抽几名学生进行模拟授课，而教师坐在台下听课。然后进行小组讨论。之后由教师做点评和补充。这种身份互换、具有不同视角的教学，为学生主体价值的实现提供了尽情展示的舞台。不足之处是交互式教学占用课时太多，教师在运用该种方法时会存在不深入、不成熟、不系统等弊端。但只要经过充分的准备和有序的组织，对传统课堂教学做一个补充还是非常有益和有必要的。没有改革就没有进步，但凡改革就有成功的机会。

第四节　大学物理教学与创新教育

一、创新与创新教育

（一）什么是创新

1.创新概念的提出

“创新”是人们极易理解和言传的词汇，在当今社会使用频率很高，从字面来理解：创，即开始；新，即过去所没有的。然而，作为从英文innovation翻译过来的外来词汇，我国以前的各种辞书都只有创造的词条而没有创新的词条。在商务印书馆出版、中国社会科学院语言研究所词典编辑室所编的《现代汉语词典》第五版中，创新的动词解释为抛开旧的、创造新的，名词解释为创造性和新意。

创新作为一个学术概念，最先是由美籍奥地利经济学家J.A.熊彼特在其1912年出版的《经济发展理论》一书中提出来的。他认为，创新是指新技术和新发明在生产中的首次应用，是在生产体系中建立一种新的生产函数或供应函数，引进一种生产要素和生产条件的新组合。熊彼特所提出的创新理论是为了使新技术、新发明与经济相结合，从而推动经济的发展。著名管理学家德鲁克则从管理学角度研究创新，他认为创新有两种：一种是技术创新，它在自然界中为某种自然物找到新的应用，并赋予其新的经济价值；另一种是社会创新，它在经济与社会中创造一种新的管理机制、管理方式或管理手段，从而在资源配置中取得更大的经济与社会价值。当代国际知识管理专家戴布拉·艾米顿在《知识经济的创新战略：智慧的觉醒》一书中将创新定义为一个价值系统，并将创新理论从单纯的经济行为拓展并应用于各行各业，其中也包括教育领域。他认为创新是为了企业的卓越、国家经济的繁荣昌盛以及整个社会的进步，创造、发展、交流和应用新的想法，使之转化为市场适销的商品与服务的活动。日本学者思田彰认为，创新是依据异质的信息或事物与至今未有的方法结合起来，产生新的有价值的东西。我国的一些学者也对创新有着自己的理解，如"创新是人们根据既定的目的，调动已知信息、已有知识，开展创新思维，产生出某种新颖、独特、有社会价值的新概念，或者新设想、新理论、新技术、新工艺、新产品等新成果的智力活动过程"。人依据已有知识进行加工组织，产生出一种前所未有的和独特新颖的成果，这就是创新。

2.创新的内涵

通过以上对创新概念提出过程的分析，不难发现：从过程角度思考，创新是对传统的各种思维方法的灵活运用，是对传统思维的超越；从结果角度思考，理论是新的，技术是新的，产品是新的，即是前所未有的。所以，我们可以给"创新"做如下简单的界定：从科学实践的过程来理解，创新既是对逻辑思维和辩证思维的灵活运用，又是一种突破常规、超越定势，向传统思想观念及方法提出的挑战。从科学实践的结果来理解，理论研究要有新发现、新见解、新结论、新预测，技术研究要有新技术、新产品、新设备、新材料、新工艺，或者把原有理论和原有技术应用到新的领域。总之，创新意味着灵活运用、突破、超越和挑战，意味着开创了前所未有的实践结果。

（二）什么是创新教育

1.创新教育的内涵

教育领域是培养创新人才的第一战线，为创新而教已是当代教育达成的共识，那么什么是创新教育呢？人们可以从以下几个方面来理解：从人才培养的角度理解，创新教育是培养创新人才的教育，是以培养创新型人才为主要目标的教育。从教育理念的角度理解，创新教育是一种全新的教育思想或教育模式。从教育过程的角度理解，创新教育是一种能力培养的教育。其中的能力主要指聚敛思维和发散思维的灵活运用，尤其是发散思维。同时，创新教育又是创新人格形成和历练的过程，使学生敢于猜想、敢于试验、勇于创新。通过以上分析可知：创新教育指以创新人格培养为核心，以创新思维的激发为手段，以培养学生的创新意识、创新精神和基本的创新能力，促进学生和谐发展和可持续发展为主要特征的素质教育。

2.创新教育的内容

以培养学生创新人格为核心的创新教育包括以下三个方面的内容。

（1）创新能力的培养。创新能力是一种综合能力，包括创新思维能力和创新实践能力。创新思维能力是指通过科学知识的积累和创新性思维，不仅能揭示客观事物的本质及内在联系，而且能在此基础上产生新颖、独特的和具有一定社会价值的思维成果。而创新实践能力指人们在创新理论指导下进行创造性实践活动的能力。

（2）创新精神的培养。创新精神是在进行创新实践的过程中所表现出的积极稳定的心理特征和行为规范。它包括求新求异、积极探索的精神，实事求是、不迷信权威的精神和奋力拼搏、勇于冒险的精神。

（3）创新人格的培养。创新人格是一个人进行创新活动的动力，是对未知世界渴望探索，不唯书、不唯上，善于独立思考，对价值有所理解并产生热烈感情等的综合表现。它是学生成为创新型人才的必要条件。创新人格包括严谨的科学态度、良好的道德品质和独立自主的创新意识。在创新教育中，创新能力的培养是基础，创新精神的培养是保证，创新人格的培养是核心。

3.创新教育的特征

一般来说，创新教育有全面性、超越性、开放性、主体性、实践性和差异性等特征。

（1）全面性。一方面，创新教育的全面性表现为要求引导学生掌握全面的、百科全书式的基础知识，开发学生各方面的潜能，使学生在智、德、美、体等方面得以发展。创新教育是创新性综合素质的教育，绝不是单纯的技能教育，它涉及人格、智能、知识技能培养等诸多方面，与个人自由全面发展的教育在实质上是一致的。另一方面，创新教育是面向全体学生的教育，是全方位、全过程的教育，是终身教育。

（2）超越性。在本质上，创新教育是引导和激励学生不断超越与前进的教育。它包括超越遭遇的困难、障碍去获取新知；超越令人不满的现状去改造世界，建设新的生活环境；超越现实的自我状态，使自己的能力和修养得到提高。

（3）开放性。创新教育不是狭隘、自我封闭、自我孤立的活动，不应当局限在课堂上、束缚在教材的规范中、限于教师的指导与布置的圈子内。创新教育的开放性就是在教育过程中始终把学生看作处于不断发展过程中的学习主体，看作一个身心两方面处在不断构建、升华过程中的人，始终把教学过程看作一个动态的、变化的、不断生成的过程。

（4）主体性。创新教育应在以下两个方面体现出创新的本质要求：一是充分发挥学生的主体精神；二是培养学生独立的个性。

（5）实践性。创新教育的实践具有多重意义：其一，只有通过实践，创新的思想才能转化为现实；其二，只有通过不断实践，人的创新意识和能力才能得到培养；其三，实践为人们的创新提供必要的问题情境。

（6）差异性。其主要表现在两方面。首先，表现在学生的创新与人类总体创新（包括专家学者的创新）相比，有共同的一面，亦有不同的一面。其次，表现在不同学段、年级的学生以及不同的学生个体都有其特点，不可机械划一，强求一律。

4.创新教育的原则

迄今为止，国内外教育学家和心理学家对创新教育活动的开展提出了许多有益的原则。

我国著名教育学家顾明远教授认为，实施创新教育要做到以下三点：第一，要有开放适宜的创新制度、环境和空间，关键是全社会的努力，不能光靠学校和教师；第二，从微观上讲，要给学生自由选择学习的宽松环境，要改变学校教育只重结果不重过程的毛病，培养学生的探究精神和能力；第三，要有和谐的师生关系，变教师的权威、师道尊严、知识载体的形象为学生学习的指导者、伙伴和帮助者的形象，展开讨论，激发学生的思想火花。

二、大学物理教学中实施创新教育的障碍

通过上面的讨论可知，物理学中有很多优越的、有利于实施创新教育的条件。但是，在教学中凸显创新教育不是一句空话，在现实的教学中有很多不利于创新教育实施的因素，只有把这些因素分析解决好，才能更好地实施创新教育。

（一）学生单一地接受书本知识

受传统教学模式的影响，学生在上课时通常只是简单地接受教科书中的概念、定律和定理，虽然这样让学生积累了知识，且知识的积累是创造的基础，但它与学生创新能力的提高却不一定成正比。因此，学生在积累知识的同时，要探究物理概念是怎样形成的、物理定律是怎样被发现的、物理定理是怎样被推导出来的，要探究它们在物理学中的意义，并从中学习物理学家们的创新过程，从而拓宽自己的思路，达到发展自己创新思维能力的目的。比如，在学习电磁学的“电磁场与电磁波”这一章时，教师可以提出“位移电流是怎样引入的？”“它对电磁学的发展有怎样的意义？”“麦克斯韦方程组是怎样建立起来的？”等一系列的问题，并告知学生以后都应如此根据书本上的知识提出问题，并且自己查阅相关资料找到答案。这样就学到了教科书上没有的知识，拓宽了自己的创新思路。

（二）大班式教学影响学生与教师间的交流

随着高校的逐年扩招，学生人数也越来越多，一个班能达到七八十人，再加上物理各学科的内容较多，课时安排也很紧，教师一般没有充足的时间与学生交流。在课堂上，一些具有创新意识的学生会提出一些创新想法，这不仅有利于提高自身的创新能力，而且可以影响其他还没有创新意识的同学，激励他们树立创新意识。当然，学生提出的这些想法都需要评价，但由于时间关系，有的教师可能会对这些想法不理睬或者让学生课后再来讨论。这样对学生的创造积极性会造成很大的打击，很明显对创新思维的发展是有害的，所以增强学生与教师之间的交流是必要的。

要解决这一问题的方法有很多：首先，对学生在课堂上的积极提问要给予鼓励和表扬，这样就保护了学生的创新意识和积极性；其次，对学生提出的新思维、新方法和新问题要进行评价，对正确的认识要给予学生成功喜悦感，对错误的认识也要对学生敢于提问的精神加以表扬。但是课堂上时间有限，教师应该怎样做呢？比如，教师可以利用好学生的作业本，在作业本中开设“交流信箱”板块，教师可以在此板块对学生在课堂上的提问进行反馈，学生也可以把课后的一些思考写在上面。这样就既解决了交流问题，又可以让天生腼腆的学生提出自己的想法，同时全班学生都可以得到创新思维的训练。此外，教师还可以把“交流信箱”作为期末考评的一部分，所以它也是可以作为一种督促手段。

（三）缺乏学习兴趣

人们在主动追求、探索和认识某一项事物或者活动时所具有的心理倾向便是兴趣，兴趣的积极情绪色彩十分强烈，是人们参与活动的动力源泉。兴趣可以让人们迸发情感，还可以提高人的敏锐度和观察力。兴趣作为非智力因素，对创新思维也有着十分重要的影响。正如孔子所说：“知之者不如好之者，好之者不如乐之者。”可见创新的源泉就是兴趣，创新的意识就来自兴趣，要培养一个人的创新思维，就要让其对某些事物感兴趣。

然而，随着年级的增长，物理学的学习内容愈加晦涩难懂，尤其是在大三阶段，许多学生表示以前确实非常喜欢上物理课，但现在物理课的内容太过枯燥，学习起来毫无激情。尤其是一些物理师范类学生，他们认为对于自己将来要从事的教学事业来说，普通物理已经足够了，而这些复杂的物理理论没有任何作用。因此，教师不仅要让学生摆正思想、摆正态度，而且要激起学生的学习兴趣。例如，教师可以将物理知识和生活结合起来，在课堂中提一些生活体现出的物理概念，鼓励学生在学习完一个物理知识点之后思考这个知识点可以起到什么作用，在生活中留意各种物理知识的原型，让学生意识到物理学并非空中楼阁的理论，而是真实存在于人们身边的，如此一来，学生在物理学习中出现的心理空洞感将得到极大缓解；而且教师也要了解一些物理学前沿知识，并将其介绍给学生，让学生知道当今的物理学家主要研究的内容，以及其会给生活带来的影响，以提高学生的学习积极性。总之，只有让学生产生学习物理的兴趣，才能培养学生的创新思维，使学生坚持不懈地学习物理，成为优秀的物理人才。

（四）作业形式比较单一

长期以来，大学物理的课后作业都是教材上的课后习题或者是教师补充的典型题目。这对于快速准确地掌握和理解所学的内容是必要的，符合对知识的强化原理。但这种单一的力量比较薄弱，且对学生创新思维能力的培养收效甚微。教师应该使作业模式多样化，特别是增加一批答案不唯一的开放性试题和没有初始条件的原始问题，这为学生创造性地解决问题提供了条件，使学生尽可能地张开他们想象的翅膀，灵活运用所学的知识分析和解决问题，发展他们的创新能力。教师除了布置题目，还可以让学生自己任意选择一个生活中的对象，然后设计或挖掘一些与这个对象相关的物理问题或题目，最后得出解决问题的方法或答案，这不仅体现了物理在生活中的应用，而且训练了学生的创新思维。此外，教师还可以让学生参与一些课题的简单研究，这样可以增长学生的见识和拓宽学生的思路，但这种做法在我国还处于起步阶段。总之，大学物理的作业应当多样化，使学生在掌握知识的同时培养自身的创新思维。

第五节　大学物理教学的创新途径

物理学是研究自然现象中最基本、最普遍的物质运动形式和物质基本结构的科学。物理学本身就是一门以探究为基础的学科，其建立和发展过程本质上就是一个创新的过程。因此，对物理学的学习和研究为培养学生的创新能力、发展学生的创新思维提供了资源和平台。教学是学校培养人才的基本途径，是实现培养目标的主要方式，是培养学生各方面能力和个性，使其全面发展的重要环节。

一、引导学生创新学习

学生是学习的主体，而教师是学生学习的引导者。在提倡创新教育的今天，大学物理教师应该在课堂上更多地关注学生无意或有意表现出来的创新火花和创新行为，并小心呵护，不能放过任何一个培养学生创新意识和创新人格的机会，做学生创新学习的促进者，这样才能把创新教育真正落到实处。

（一）关注学生创新的火花

在学习和生活中，学生经常会有一些创新想法，但这些创新的萌芽常常被教师忽略，甚至被学生自己忽略，所以在日常生活和学习中关注学生创新的火花并加以呵护，是教师职责之所在。

1.鼓励学生提问

所有创新活动的起点都是提出问题。当学生提出问题时，就意味着其在追求真理，其拥有了探索和学习的不竭动力，同时还能进行高层次的思维活动。然而在大学物理教学过程当中，教师可以发现，如今愿意在课堂上站起来向教师提问的学生已经越来越少了。但这并不意味着学生没有任何问题，更不意味着学生已经完全掌握了课本的知识。事实上，在进行物理学习时，学生会遇到各种各样的问题，包括如何理解一个理论、如何解答一道题、物理学的本质是什么等。这些问题没有被提出来的原因就在于很多学生可能不好意思向教师询问，最终只是在学生之间探讨一番，这样往往无法得到一个确切的答案。因此，教师要鼓励学生在课堂上提问，为学生答疑解惑，培养学生的创新意识。

2.鼓励学生大胆想象

人脑对已有的表象进行改造加工，创造出全新形象的心理过程就是想象。对于人们来说，想象力是一种非常宝贵的品质。科学技术的进步发展往往就源于想象。英国物理学家廷德尔认为，有了精确实验和观测作为研究的依据，想象力便成为了自然科学理论设计师。爱因斯坦也在总结其科研经验时表示，跟知识相比，显然想象更为重要，因为前者是有限的，而后者却可以概括整个世界，推动进步与发展，是知识进化的不竭源泉，严格来说，科学研究中的想象力是一个重要因素。纵览物理学发展史，从经典力学到相对论，物理学中发现的每一个新规律，建立的每一个新理论，都离不开物理学家的大胆猜测想象。例如，在《自然哲学的数学原理》当中，牛顿认为，若是在山顶上用一个特定速度的弹药发射一枚铅球，那么铅球会沿着一条曲线飞跃两英里后落在地面上；倘若将空气阻力清除，并让发射速度提高到两倍乃至十倍，那么铅球的射程会增加至……就这样不断增加下去，铅球甚至可以被发射到太空中，并保持在空中的运动，飞向无穷远的地方，永远不会落到地上。而牛顿当年所想象的画面，正是如今各种人造卫星、宇宙飞船的起源；伽利略想象有一个无限大且绝对光滑的斜面和平面，当小球从斜面滑向平面后，其将在平面永不停止地向前滑动，而牛顿受此启发建立了惯性定律。英国物理学家迈克尔·法拉第想象的“电力线”不仅为深入研究电磁理论勾画了理想模型，而且也成了麦克斯韦创立系统电磁理论的基础；爱因斯坦为了说明时间的相对性，想象了光速列车的理想实验等。

综上所述，教师应认识到，对于创新来说，想象是一双巨大的翅膀，而且想象与问题意识是相辅相成的，想象会诞生新问题，还是解决一个问题的起始阶段。对此，教师应鼓励学生多想象、多猜测，积极表扬学生的各种想象，无论这种想象是多么夸张，教师都要保护好学生的想象，让学生挥动着想象的翅膀探索物理学的奥妙。

（二）关注学生的创新思维

在大学物理教学中，学生的创新思维主要体现在运用所学的物理知识来解决实际的物理问题上，最基本的就是解答物理习题。那么，如何才能在解题的同时做到灵活运用知识，锻炼创新思维呢？这是大学物理教师所应该关注的问题。

1.鼓励学生一题多解

物理习题的练习是物理学习的重要一环，因为解题过程就是把抽象的概念、定理和定律与具体的物理过程联系起来，把物理知识转化为实际解决问题的能力特别是创新思维能力的有机过程。这个过程不仅加深和巩固了对基础知识的理解，而且还可以培养学生思维的变通性、灵活性和独特性，能有效地贯通知识、广开思路，培养和训练学生的创新思维。一题多解是通过多种途径或方式，采用不同的物理规律或方法，从多个侧面深入认识同一个物理问题的过程，这正是发散思维的结果。因此，要求学生做到一题多解是有必要的。

2.鼓励学生一题多变

一题多变指将一道基本习题，通过改变题设条件，而变成许多道有关的习题。它能使知识深化，进而培养学生举一反三的能力和综合分析的能力。一题多变是教师在习题课上非常重要的教学手段，但是这不是教师的特权，教师也应该大力提倡学生在平时学习和练习时多加思考，做到一题多变。

3.鼓励学生一题巧解

一题巧解同样可以锻炼学生的创新思维。同一道题，有的解法很烦琐，解题过程中的物理意义也看不明白，有的解法不仅使解题时间和解题步骤大为减少，物理意义也十分明确，所以教师应该鼓励学生在运用物理知识解决实际问题时，放飞思维的翅膀，寻求最简洁和最明了的方法，尽量做到一题巧解。

一题多解、一题多变和一题巧解能够很好地使学生的发散思维和聚敛思维结合起来，是获得灵感和顿悟的有效手段，能有效地使学生克服思维定式的影响，做到知识的正向迁移，从而发展学生的创新思维能力。

二、积极研究创新教育

创新教育是以创新人格的培养为核心，以创新思维的激发为手段，以培养学生的创新意识、创新精神和基本创新能力，促进学生和谐发展为主要特征的素质教育。如何在教学中体现创新教育，用创新思维方法去培养学生的创新意识、创新精神和创新能力，是需要教师认真研究的。

（一）寓物理学史于大学物理教学

物理学史是人类对自然界中各种物理现象的认识史，是物理学概念、基本规律、理论和思想发生、发展和变革的历史，它蕴含巨大的精神财富。纵观物理学的发生、发展过程，其无不体现着物理学家们的创新思维、创新人格和创新精神，可以说物理学史就是一部创新史，它对学生创新能力的培养起着非常重要的作用。

1.体验发现历程，培养创新精神

探索是科学的本质，创新是科学的生命。科学探索的道路必然是一条充满坎坷的道路，无论哪一个科学理论的提出、进步和发展都需要经过千辛万苦，要想攀爬到科学的巅峰，就必须有不畏艰险、勇往直前的魄力。教师可以在大学物理教学中的一些教学环节为学生介绍著名的物理学事例，让学生了解到先辈们的研究思路以及艰辛的研究历程，以此培养学生的创新精神。

2.鼓励怀疑精神，培养创新人格

传统的学习方式都是接受学习，也就是学生完全根据书本上所写的内容进行学习，按照专家学者给出的说法来做，几乎不会质疑权威，但这并不利于发展创新思维。虽然这是因为教师在大学所学习的物理知识都是经过多年验证的成熟理论，但是真理一直都在不断发展，倘若不去质疑，就不会出现问题，没有问题也就没有了创新。纵览物理发展史，多的是从质疑走向创新的例子。因此，教师可以在教学里引入物理学史，让学生学习物理学家们的怀疑精神，培养学生独立思考的能力和创新意识。

（二）寓物理方法于大学物理教学

物理学的探究和发展过程中，无论是概念的建立还是规律的发现、概括，都需要思维的加工，科学的思维方法是分析和解决物理问题的关键。正如爱因斯坦评价伽利略时曾说：“他的发现以及他所用的科学推理方法是人类思想史上最伟大的成就之一，而且标志着物理学的真正开端。”寓科学思维方法于物理教学之中，是培养学生创新思维的主要途径。因此，物理教学的目的必须由单纯传授知识向探讨创造性思维及其培养途径方向转化，培养的人才要具有创造性和可持续发展的潜力。

1.挖掘教材中的物理方法

物理教材中的科学方法因素大多数是隐含的，科学方法教育大多也是隐含的，所以在大学物理教学中对学生进行科学方法教育时必须与物理知识教学相结合，与学生解题训练相结合。从知识的角度来看，物理教学是学生在教师指导下能动地认识物理现象的本质和规律的过程。用方法论观点分析学生的认识过程与物理学家探究物理世界的过程可以发现，它们有一定的相似之处。两者都是从问题出发，都要检索已有的知识，都要用到观察实验方法、科学思维方法和教学方法等，物理学家要根据理论和假设去解释或预测物理现象，学生需根据所学理论方法去解释物理现象或有关实际问题。两者解决问题的模式几乎相同，只是创造性和复杂性的程度不同而已。这就决定了物理科学方法教育必须寓于知识传授之中。

物理方法既与知识相互依存，又具有相对独立性，所以物理方法教育既需潜移默化，又需特意训练，要制定教育目标。在教学中，教师应当深入钻研物理教材，吃透教材，提炼出教材中的科学方法，在确定知识教育目标的同时，确定物理方法教育的目标。同时，要结合教材明确不同阶段物理方法教育的重点、难点，对于不同的物理方法，提出不同的要求，并结合学生的认知水平和具体的教学内容制订可操作的培养计划。由于教材中的物理方法都渗透在每个物理概念中，或者说每个物理规律的发现、每个物理概念的形成都存在一种或多种物理方法，这就要求教师在解读教材时要注意对物理方法的挖掘，这是一项不容忽视的工作。

2.合理采用物理方法

寓物理方法于物理教学的手段或方法有很多，可以在理论课上引入，也可以在习题课上引入，关键要合理引入，不要强行加在并不合适的教学环节，这方面也是值得大学物理教育工作者们研究的。例如，牛顿第一运动定律的建立，就融入了观察、科学抽象及逻辑思维等方法。在这一节可以从牛顿第一定律的建立过程入手，来达到科学方法教育的目的。

教学中合理运用科学方法，可以化解难点、突出重点，并提高课堂教学效率，更重要的是通过渗透科学方法的教学，使学生掌握正确的方法，以指导以后的学习和工作。

三、创新教育和大学物理课程建设同步

作为大学物理教师，要积极参与创新课程的建设，把自己创新教育的经验体现在大学物理课程中，做到创新教育和大学物理课程建设同步。

（一）建设凸显科技前沿的物理学课程

创新与前沿科学有着紧密的联系，每一项科学技术的突破和科学理论的进步都是不断创新的结果。所以，在大学物理适当的章节引入物理学前沿的知识有助于学生创新意识的培养。而在教学中引入物理学前沿知识并不是说让学生也去做前沿的工作，而是开阔学生的物理学视野，给学生今后的学习与研究提供一个向导，让学生通过对科学家们目前在做什么的了解，体会创新和感悟创新。

1.创新教育需要与时俱进

随着20世纪科学技术的迅猛发展，人类已经进入了新纪元，在这个全新的起点，人类还将取得更伟大的成就，所有这一切都是人们不断创新的成果。所以，培养创新型人才是我国继续保持良好发展态势的关键。科技的进步和理论的发展需要与时俱进，同样，创新教育也需要紧跟时代的步伐，做到与时俱进。

然而，当前的高等教育传授的智慧更多的是人类积累的创造智慧的总和，它们都是静态的，是由概念、规律和理论构成的庞大的体系，这中间隐去了许多对知识探索的过程，这就使学生很难从教材中发现历史上的创造痕迹以及产生一些感悟。当然，这些知识的总和是人类创新的基础，并且在人类知识积累过程中的创新经验也值得后人借鉴和学习。但是，科技的前沿始终是创新活动最活跃的舞台，如果在高等教育教学中忽略了对前沿科学的介绍，对创新教育来说显然是不利的。所以，革新课程体系和教材教本，在教育教学中使学生在掌握基础知识的同时，了解和感悟前沿科技是十分必要的，只有这样才能让创新教育与时俱进。

2.寓物理学前沿于教学

大学物理是理工科院校的基础课程，对培养学生的创新能力、创新精神和创新人格的作用是巨大的。然而，当前绝大多数的大学物理教材都沿用传统的知识体系，都由力学、热学、电磁学、光学、原子物理学和近代物理的部分内容构成，经典物理和现代物理的比例悬殊，反映当代物理技术和物理学前沿发展的内容更是少之又少。学生普遍反映对物理的学习越来越没有兴趣，越来越觉得学习物理知识对以后的发展没有什么用处。相反的是，那些经常听学术讲座的学生却有着不同的看法，一位刚听完量子计算机学术讲座的学生说道：“虽然我听不太懂，但是没想到现在的计算机革命竟和量子力学有着这么紧密的联系，看来我必须学好量子力学，要是我以后能从事这方面的研究就更好了。”可见，物理学前沿对学生有着多么巨大的吸引力。如果教师能在课堂教学的适当时机结合有关知识，将近年来物理学前沿的一些重大的事件或成果介绍给学生，如暗物质暗能量与新能源技术、量子物理与新材料技术、宇宙学与空间技术、中国载人航天工程、黑洞、纳米技术、磁悬浮列车、超导强磁体等，可以激发学生对创新的崇尚。

（二）建设有生活特色的物理学课程

1.生活与创新

除了科技前沿体现着创新外，日常生活的方方面面也体现着人们的创新活动。如果在人们的生活中没有了创新活动，恐怕人们的生活世界还停留在远古时期，而生活中的创新思想也直接导致了科学技术的变革。就拿人们用的手机来说，从通话和接发短信到拍照摄影，从上网浏览到全球定位，一个小小的通信工具竟然有如此强大的力量改变着人们的日常生活，它的更新换代也体现了从生活到科技再到生活的创新循环过程。可见，人们的创新教育也不能脱离生活而单独存在。

2.从生活中学习物理

物理科学其实跟生活息息相关，学生们掌握的物理知识并非全是课堂所学，其中许多也源于现实生活。所以人们要让物理与生活实际相互联系，使物理贴近生活，让学生认识到物理体现在生活的方方面面，从而对物理学习更加亲切。但是，一些教师认为，如今课程较多而学时较短，所以无需将生活中的物理现象引入物理课堂当中，这是基础教育阶段要做的事情，而在大学物理学习中，主要的学习方向应该是物理理论，应以打牢学生的物理知识框架为教学目标；大学生已经从形象思维阶段进入抽象思维阶段，无需借助生活这一载体作为学习物理的依托。然而实际上，很多大学的理工科学生表示，在进行大学物理学习时，感觉物理学枯燥无味，物理理论艰深难懂，认为自己学习的物理知识对现实生活毫无帮助，遇到生活中的各种现象也无法将其和物理知识联系起来，因而逐渐失去了学习物理的激情。大学物理教学除了要求学生在理论上创新，还要求学生在生活中发现、研究并解决问题，在生活上创新。因此，基础教育阶段的物理学应与生活有紧密联系，让学生在生活中学习物理，而在大学阶段也要注意生活与物理之间的联系。虽然学生在基础教育阶段就初步掌握了使用物理知识解释一些生活现象与问题的能力，但总体来说较为浅显。而经过系统学习大学物理知识之后，学生就可以站在一个更高的理论高度上解释各种生活现象和问题。比如，洗手间的水槽，当满盆的水沿漏水孔下泄时，水槽中会出现漩涡，而且漩涡总沿着一个方向，这是由于受到地球自转偏向力——科里奥利力的作用，看到水槽的漩涡可以联想到地球的自转；又如，在讲解动量守恒时引入花样滑冰运动员的转动动作为何时快时慢；在讲伯努利方程时引入足球运动中为何会出现香蕉球或乒乓球运动中为何会出现弧线球；在讲电磁波时引入信号与系统等，这样对于学生来说，能够体会到自己知识得到更新、能力得到提高的喜悦感，对物理的学习兴趣也得到提升，同时开始有意识地关注生活中的物理问题，从而自觉地关注生活中的创新，培养其创新精神和创新人格。

（三）建设有实验特色的物理学课程

大学物理实验是一门实验科学，它不仅为物理学概念和原理的建立做出了贡献，更重要的是，它体现了人类社会的创新发展过程和创新成果。大学物理实验引入高等教育已有一百多年的历史了，在培养学生创新能力方面发挥着日益重要的作用。奥斯特曾经说过："我不喜欢那种没有实验的枯燥的讲课，所有的科学研究都是从实验开始的。"在现代高等教育中，大学物理实验已成为培养学生创新能力的有力工具，物理实验室的建设与发展直接影响着各国理工科大学的教学水平。

然而，大多数高校的大学物理实验课程都以验证性实验为主，学生一般的实验过程是先预习已经设计好的实验步骤，然后去实验室做实验，最后按部就班地测出实验数据、得出实验结论。整个过程都是按照既定的步骤和操作进行的，如果实验数据或结果不对，只能说明学生没有按操作步骤做实验，过程中丝毫没有创新的机会。所以建设能为学生提供创新学习和创新实践的实验课程是必要的。

1.建设开放性的实验课程

所谓开放性实验，指学生根据在学习和生活中遇到的实际问题，自己查阅相关文献资料，独立地确定实验内容、选择仪器设备、设计实验方案和完成实验，在实验过程中所出现的问题也需要自己分析解决，教师只需在实验过程中给予必要的启发与引导。从设计实验到完成实验的整个过程，极大地发挥了学生的主观能动性，激发了学生的积极性和主动性，培养了学生的独立操作能力、独立解决问题的能力，对培养学生的创新能力、创新意识和创新精神有着积极的作用。相比传统的“注入式”“灌输式”实验教学，开放性实验是提高实验教学质量、发展学生综合能力的必由之路。

开放性实验中，不仅实验设计和教学方式是开放的，实验室也是开放的，学生可以在任何时间到开放性实验室进行实验活动。我国高校很早就进行了开放性实验室的建设和实践，许多高校都有硬件设施齐全的开放性实验室，也开设了开放性实验课程，但是实际的效果却不尽如人意，有的学生在选修开放性实验课程时根本不知道开放性实验是干什么的。

结合我国国情和大多数理工科学校的实际情况，笔者认为大学物理开放性实验课程应以隐性课程为主，不管是在理论教学课上还是在分组实验课上，教师都应积极地引导学生发现问题，并以问题为基础，自己设计实验解决问题、验证结果并得出实验结论。同样，在习题课上，在完成理论性习题时，也应鼓励学生到开放性实验室去验证结果。

实践证明，开放性实验对学生的科学探索精神和创新能力的培养是传统分组实验所无法比拟的，而开放性实验课程的建设也不是一朝一夕就能建立完善的，在大学物理教学中如何有效地发挥好开放性实验的作用，如何引导学生乐意到开放性实验室实践和学习，还需要教师不断地探索和研究。

2.关于演示实验

物理演示实验指在课堂上主要由教师操作，结合课堂教学内容，引导学生对实验进行观察思考，以达到一定教学目的的示范性或表演性的实验教学方式。它能在课堂上创设相应的物理情境，将要研究的物理现象生动地展现在学生面前，帮助学生建立概念、理解规律，培养学生的科学探索精神，被认为是一种最有效、最直观的实验教学方式。演示实验的内容是灵活多变的，可以是物理定律和定理的再现，也可以是现代科技的展示。与学生自己动手的分组学生实验不同，演示实验强调教师对实验的具体操作和演示，但在演示过程中也可以进行师生互动，通过教师的循循善诱，让学生更积极地参与其中，从而使演示实验取得更好的效果。这样，学生也能成为演示实验的主体。

演示实验的运用不能仅仅局限在新课的学习中，在习题课上同样可以做一些与习题相关的演示实验，这样不仅可以验证习题的结果，而且可以使学生学会把理论用到实践中去的研究方法。

然而，在当代大学物理教学中，很少有教师把演示实验引入课堂，现行的大学物理教材中也没有引入演示实验，看来演示实验的力量在高等教育阶段被低估了。在创新教育课程建设上，这是非常薄弱的一环，而一些国外优秀大学的经验很值得教师借鉴。例如，美国麻省理工学院的沃尔特·列文（Walter Lewin）教授以讲课生动有趣而闻名，他在教授大学物理时，经常在课堂上以丰富多彩的演示实验验证物理学理论的正确性，不仅给出理论公式，而且亲手验证，还经常与学生们一起完成演示实验。在他的课堂上，学生无不感受到学习物理的乐趣。他对待演示实验的态度是如果你对学生做演示实验，他们就会记住知识；如果你不做，他们就会很快忘记。

当然，演示实验的作用也不仅局限在课堂上，因为知识总是在不断更新，演示实验的内容也会随之变化，这就要求教师要对演示实验仪器进行更新换代或者对同一演示内容寻求最佳的演示方式。然而，国内高校的演示实验仪器多以购买为主，很少有学校是自己开发和制作演示实验仪器的，而国外许多高校都有自己的小型仪器制作车间来制作日常教学所需要的演示教具。如果教师能充分调动学生的研发积极性，自己设计实验、操作实验并对演示实验仪器进行更新换代，这样既节省了资金，又培养了学生的实践与创新能力。综上所述，在呼唤创新教育的今天，大学物理的课程设置还有许多值得更新和改革的地方，大学物理教师还有许多工作要做。

第六章 信息化背景下的物理教学模式改革

第一节 信息技术对物理教学模式的影响

一、现代信息技术的概念

现代信息技术主要指以计算机为核心，以教学技术为基础，融合通信技术和传播技术，能处理、编辑和存储并呈现多种媒体信息的集成技术。媒体信息通常包括文本、图形、图像、视频、动画和声音等。现代信息技术能对多种媒体信息进行数字化技术处理，从而使集成的多媒体信息在本质上具有多样性、集成性和交互性特征，在表现形式上具有新颖性、艺术性、趣味性等特征，并能以一种全新、图文并茂、有声有色、生动逼真的形式再现，充分发挥现代信息技术的优势。

二、现代信息技术在物理教学中的功能

（1）用现代信息技术所具有的对图、文、声、动画、视频等多媒体信息的综合处理能力，将多种媒体信息有机地融为一体，获得有声、可视、形象生动的表达效果，进而为物理教育创设具有“疑”“趣”“难”等特征，有助于学生发现问题、提出问题的良好教学情境。

（2）利用现代信息技术所具有的对视频、动画等多种媒体信息的高超编辑能力，通过将微观过程实施宏观模拟、把宏观场景进行缩微处理、将瞬变过程转为定格分析，进而为物理教育创设具有变抽象为具体、变动态为静态等特

征，有助于学生学会自主学习，通过意义建构建立认知结构并主动探索解决问题途径的探究情境。

（3）利用现代信息技术所具有的对教育信息的交互性处理能力，通过对教育信息的及时收集与反馈，能为调整节奏和进程、实现物理教学过程的因材施教提供技术保障。

（4）用现代科学技术对物理教学过程中的教育信息进行最优化处理，能促进学生高效率地实现在学习过程中使自己的认知结构从无序走向有序，从低级走向高级。

（5）将现代信息技术与计算机网络技术有机组合，通过对网络多媒体信息资源的共享，进一步丰富教学资源，能使物理教学过程从封闭走向开放，以达到最优化的教学效果。

三、当前信息技术在物理教学中的现状

在物理教学中运用计算机技术能给教学带来很大的优势，然而当前物理教学在利用计算机辅助教学过程中出现了偏差，这些问题主要表现在以下几个方面。

（1）教师并没有利用计算机技术从根本上改变教学的方式，还是以讲授型为主，演播式的多媒体CAI只是把不形象的形象化，让不生动的生动起来，如在教学中通过模拟的方法让电子的运动可视、让波的传播过程以每个质点运动的方式呈现。

（2）计算机技术在教学中只取代了“黑板”，只是让教学过程更加具体化、细致化和人性化，但并没有改变教师讲、学生听的传递式教学方式，所以只会成为传统教育的一种补充、完善和发展，这样的现状使信息技术在教学中的应用进入了误区。很多利用现代信息技术的物理教师迷失了方向，浪费了教育资金。

四、信息技术环境下的物理教学的变革

（1）将现代信息技术应用于教育领域，对传统教育的“三大基石”（读、写、算）产生冲击，使阅读方式从文本阅读走向超文本、多媒体和高效检阅式阅读。从物理教学来看，信息技术环境下的物理教学模式将克服传统教学中的“忽略学习者之间的差异性”和“忽略学生已有的认知能力”等弊端，可让学生根据自己的基础和特征自主构建自己能学懂的内容。

（2）以网络和多媒体为核心的现代信息技术运用于物理教学，使教育教学的形式、手段、方法、环境都得到改变，提高了学生的学习效率，改变了学生的学习方式，大大地提高了学生的学习兴趣，提高了学生学习的主动性，扩展了学生的思维空间，提高了学生灵活运用知识的能力。这些都是传统教学难以达到的。

传统的教育已经不能适应信息技术时代的教学，物理教学要取得更大的进步，就必须建立信息技术支持下的新型物理教学模式。

第二节　信息化背景下物理教学模式的应用

一、信息技术支持下的物理教学的优越性

在现代信息技术环境下，当前物理教学相较于传统的物理教学，有着无可比拟的优越性，具体表现如下。

（一）多媒体计算机辅助教学可以突破物理教学中的重点和难点

在物理教学当中运用信息技术可展示课堂实验无法演示的、宏观的、微观的、极快的、极慢的物理过程，如分子运动的扩散过程及布朗运动、原子的结构、核反应过程等。在以上几个方面，常规教学由于受时间、空间以及实验条件等因素限制，难以通过实验向学生直观展示，学生得不到感性认识，理解不深，但借助计算机可突破时间及空间的束缚，进行逼真的模拟，灵活地放大或缩小物理场景，将这些物理过程生动形象地展现在学生眼前，促进学生认识，加深其对问题的理解。

第一，完成对可以实验演示但无法揭示基本物理过程的剖析。例如，带电粒子在电场磁场中加速、偏转、回旋时所受力的动态分析，刚体碰撞过程中微小形变的分析，电磁振荡中电流方向的改变，电场能和磁场能的转化，电磁波的发送与接收过程，光电效应中光子与光电子的运动，电磁感应中磁通量的变化等。这些物理过程讲解较困难，运用多计算机辅助教学，则可将这些不可见因素通过形象化的仿真和模拟展现出来，如将微小形变放大，用移动箭头代表

电流，用有方向的曲线代表磁感应线和电场线等。而将这些不可见因素及变化规律呈现于学生面前，可起到化无形为有形、化抽象为形象、转换思维模式、降低思维难度的作用，收到事半功倍的良好教学效果。

第二，展现思维过程。很多思维方法可以借助计算机来帮助表达，让学生有直观的认识。例如，在讲运动的合成与分解时，通过将平抛运动向水平方向和竖直方向投影可说明平抛运动等效于一个匀速运动与自由落体运动的合成，这样就将抽象的思维方法和思维过程以生动形象的过程描述出来了，学生非常容易接受。

（二）信息技术辅助教学可优化物理教学内容的呈现和教学过程

多媒体计算机具有超文本功能，可实现对物理课堂教学内容的最优化。

第一，教师既可按教学要求，把包含不同媒体信息的各种教学内容组成一个有机的整体；也可按教学内容的要求，把包含不同教学要求的各种教学资料组成一个有机的整体。这样有利于教师对教学内容进行科学、合理的组织和管理，实现教学内容组织和管理的最优化。

第二，利用多媒体技术教学，集文字、图像、声音、动画、视频等为一体，创设接近于现实的情境，使得教学内容直观形象，教学过程生动活泼，有利于激发学生的学习热情，有利于学生理解和掌握教学内容，有利于提高教师教学效率和教学质量。

二、信息技术环境下物理教学模式的思考

信息技术在物理教学中的应用对物理教学模式产生了深远的影响，但实际利用信息技术教学的过程中还存在很多问题。归纳起来主要有以下几个问题。

第一，动态教学过程被“电子化”，教学主题被冲淡。动态教学指教师根据教学的难易程度和学生的接受程度以及授课中遇到的问题及时调整教学的内容和进程，然而在实际教学中教师过度地依赖已经备好的电子课件，不顾实际推进教学进程。

第二，网络或课件切入时机和方式不合理，分散了学生的注意力。多媒体网络课件是因为教学需要才引进的，而实际教学中教师为了追求课件的“丰富”忽略了课堂整体的效果，往往引入过多的元素，如音响效果、光照变化等，这些都分散了学生的注意力。

第三，信息量过大，滞留时间短，不利于记忆。教师使用课件教学，就减少了教师板书的时间，从而节省了很多课堂教学时间。有些教师没有很好地利

用这个时间为教学效果的最大化努力，而是增加了教学内容，使教学内容信息量过大，给学生造成负担，不利于学生记忆。

三、怎样优化信息技术支持下的物理教学

要想多媒体课件和网络技术有效地发挥作用，应该做到以下几点。

其一，实现传统教学和现代信息技术辅助教学的无缝连接。现代信息技术在很多方面具有其他媒体所无法比拟的优越性，然而也存在不足之处。由于传统的教育方法经过了漫长的演化和改进，从教学理论到教学方法都深入人心，因此必须将现代信息技术辅助教学方法融入传统教学方法之中，将两者有机结合，实现两种教学手段的优势互补，才能有效地发挥其作用。

第一，在内容上实现整合。要注意精选信息内容，需用的就用，不需用的就不用。对于那些传统方法不便展示的物理过程辅之以现代化的多媒体技术，发挥其优势，能极大地提高学生的学习兴趣，增强感染力，收到良好的教学效果。

第二，在时间上实现连接。在教学的过程中要把握好传统教学和信息教学在时间上的过渡，不要出现“冷场”的局面。

第三，在空间上实现连接。传统教学用到的道具主要是黑板，信息技术用到的道具比较复杂，但在各种教学道具的切换中要注意空间上的连接，不要让学生有不适应感。

其二，教师要扮演好指导者的角色，掌握好信息技术使用的量与度。在课堂教学中，教师是主导者，学生是主体，教师应充分发挥其主导作用绝不能为了使用某一课件而以其为中心，被课件和网络有实力着鼻子走。有些教学内容，教师必须通过组织学生讨论，用适当的肢体语言和富有情趣的讲解才能深化主题，这是任何电子媒体所不能代替的。教学课件应该简单明了，而不是教师所教授内容的简单重复，教师应当把主要精力放在引导学生发现问题、分析问题、解决问题上，适时调整和活跃课堂气氛。

总之，信息技术为教育提供的现代化教学手段，改变着传统的教学方式，实施信息技术环境下的物理探究式教学，应是对传统教学的有力促进。传统教学确实存在着一定的弊端，但教师还应该汲取其中的有用部分，为信息技术环境下的教学服务。同时，信息技术在教育中运用，教师更应该关注对教学过程和教学效果的研究，更要探索如何应用教育技术构建新的且与传统教学并行不悖的教学模式。只有这样，才能将物理教学改革推向一个新的高度。

第三节　信息技术与物理教学整合模式及案例分析

教学系统设计模式是在教学系统设计的实践中逐渐形成的一套程序化步骤，其实质是说明做什么，怎样去做。教学系统设计目前主要分为以教为主的教学系统设计和以学为主的教学系统设计两大类，每一类下面又可以分为许多子项，每个教师都可以根据自己的情况选择教学设计方案。大学课程的特点是内容多、课时少，以教为主的课堂教学模式是大量传授知识内容的有效途径，但只注重知识的传授而忽略学生的学习自主性，就会导致学生学到的是死知识，非常不利于学生创新能力的培养。因此，教师应采取两种教学设计模式互补的方式进行教学。

一、以教为主的教学设计模式

一般的教学系统设计模式包括学习需求分析、学习内容分析、学习者分析、学习目标的阐明、教学策略的制定、教学媒体的选择与运用、教学设计成果的评价七个要素。

肯普模式是一种教学模式。肯普的这一模式是以学科教学、课堂教学为中心。教师可以根据实际情况在模式中寻找自己工作的起点，按具体需要编排顺序。为了反映各个环节之间相互联系、相互交叉，肯普没有采用直线和箭头来连接各个教学环节，而采用环形方式来表示教学系统设计模型。学习目标在其中处于中心位置，是整个教学系统的出发点和归宿，各个教学环节应该围绕它来进行设计；教学设计可以根据实际情况和教师的教学风格随意从任何一个环节开始，并可按照任意的顺序进行。任何一个环节的变化均可能导致教学方案的变化。

二、以学为主的教学设计模式

以学为主的教学设计模式是基于建构主义的教学系统设计，重视“情景”“协作”在教学中的重要应用，弥补了传统教学系统设计中分离与简化教学内容的局限，强调发挥学习者在学习过程中的主动性和建构性，有利于创造型人才的培养。

以学为主的教学系统设计原则主要体现在以下几个方面。

第一，以问题为核心驱动学习，问题可以是项目、案例，或生活实践中的实际问题。例如，在一定流速的江水中，船以什么速度朝向什么方向划行才能到达对岸指定的地点。这里涉及质点位置确定的方法、位移、速度等物理问题。

第二，强调以学生为中心。各种教学因素，包括教师只是作为一种广义的学习环境支持学习者的自主学习，诱发学习者提出问题或确认某一问题，使学习者迅速地将该问题作为自己的问题而接纳，并利用它们刺激学习活动。

第三，学习问题必须在真实的情景中展开，最好是一项真实的任务。例如，对上面的划船问题，教师可以将学生带到大自然中，或模拟真实情境，让学生在实践中发现问题、解决问题。

第四，强调学习任务的复杂性，反对两者必居其一的观点和两者择一的环境。

第五，强调协作学习的重要性，要求学习环境能够支持协作学习。

第六，强调非量化的整体评价，反对过于细化的标准参照评价。

第七，要求设计能保证学习任务展开的学习环境，学习任务必须提供学习资源、认知工具和帮助等内容，以反映学习环境的复杂性，在学习发生后，学习者必须在这一环境中活动。

第八，应设计多种自主学习策略，使得学习能够在以学生为主体中顺利展开。

三、案例分析——物理虚拟实验微课程

（一）相关理论概念

1.微课程

在本研究中，微课程（Micro-Course）指经过教学设计的、基于某个平台上的微课资源、为一个小的知识点或者专题而开展的简短教学活动。微课程首先是一门课程，有教的行为和学的行为，有师生交互。其次，一切从“微”做起。微课资源通常以流媒体的形式呈现出来，时间在2～10分钟，数据量小，易于传输，有特定的主题，其中包括微评价、微练习等资源。微课程平台可以支持学生个性化的学习，提供知识列表、任务清单和微课资源.

2.虚拟实验微课程教学

理工科大学生的实践能力是在实验过程中逐渐培养的.大学物理实验作为必修课程，可以通过提供丰富的教学资源、开展多样化的教学模式指导实验，激发学生的实验兴趣，为每位学习者提供个性化学习、自主实验的环境。虚拟物理实验项目不同于传统实验室里开设的实验项目，是针对复杂的、借助虚拟仿真等技术而设计的实验，它更需要实验者具有横向思维，实现物理知识的迁移。

这里的虚拟实验微课程教学，指在大学物理虚拟实验课程中的教学活动，以微信公众号为微课程平台，通过提供虚拟实验项目的微课、实验报告、实验教案、实验测验等资源，让学生借助微课程平台，基于原有虚拟实验系统展开虚拟实验的学习。微课程平台上，师生可以实现实时互动，方便学习者突破实验仪器、实验场地和实验条件的限制，帮助学生解决在虚拟实验系统中遇到的问题，促进个性化学习。教师可以根据学习者特征选取不同的实验教学模式，决定这些微课程资源在实验教学的过程中展示多少、什么时候展示。教师作为实验的主导者，应引导学习者思考物理实验背后的关联和意义。

（二）虚拟实验微课程的必要性分析

1.学习者需求分析

（1）学习者特征。理工科大一、大二的学生处于逻辑思维阶段，有较好的空间思维能力，同时在信息技术素养和自制力水平上各有差异。虚拟实验教学借助虚拟实验软件开展教学，通过使用图片、动画等多媒体元素，以线性结构展示整个实验的过程。虚拟实验课程的重点大多放在了如何熟悉软件操作和关键操作要领上，在这种模式下，学生很难在短时间内掌握实验的整体思路，还比较容易忽略实验原理对实验的指导作用，不利于学生对实验原理的认知和理解。

做物理虚拟实验的初衷是希望学习者借助虚拟实验系统，开展创造性实验。在教学中使用微课程可以让学习者实现个性化学习，通过微课程提供的知识导航，可以在整个实验过程中贯穿实验原理这一条主线，帮助学习者领悟实验原理与实验现象之间的关系，让学生认识到全部的实验都是基于实验原理进行的，都是在实验原理的框架下完成的，从而更好地进行创造性实验项目。

（2）科学素质与实验创新能力的要求。虚拟仿真实验软件主要用来支持学生自主学习及自我建构知识，但未能充分体现辅导教师“教”的作用，同时学生之间也没有建立相应的交流渠道，缺乏协作学习，辅导教师所给予的一些指导也只是在评阅实验报告这方面，师生间缺乏真实的情感交流，学习者的情感因素被严重忽视。

在目前的实验教学中，教学方法单一，知识学习和实验动手操作相互分离，学生主要根据实验指导书进行验证性实验，而对有些实验操作训练不足，普遍缺乏学习主动性，创新能力难以提升。在强调创新教育的今天，传统教学模式和教学手段已使得物理实验不再仅仅是一门为后续课程服务的基础课。对于物理现象的探究可很好地提高学生分析和解决问题的能力，培养细致观察、全面分析的逻辑思维。在使学生掌握专业课程和其他科学技术的基础的同时，它也是培养和提高学生科学素质、科学思维方法、科技创新能力的重要途径。

2.实验内容分析

大学物理实验作为理工科大学生入校后的第一门科学实验课程，应注重培养学生系统性的实验技能，使学生掌握科学实验的基本知识、方法和技巧，更重要的是培养学生严谨的科学思维能力和创新精神。

（1）虚拟实验教学的需要。由于实验学时的限制，教师在实际实验教学中往往无法让学生自己设计实验参数并完成设计性实验。湖南大学虚拟实验课程系列采用的是中国科技大学开发的国内最早使用虚拟技术的软件，即大学物理仿真实验教学系统，该系统的实验操作逼真、可开展设计性实验及创新性实验，但在教学功能方面还是有所欠缺的，存在一些不足。

在新教学理论指导和新技术的冲击下，将微课程等信息技术手段引入实验课教学和综合性实验教学，是一个不容忽视的趋势。大学物理虚拟教学应该以现代教育理念为指导，引导学习者进行自主探究实验。

（2）复杂实验的需要。随着电子技术的快速发展，现在许多实验项目都趋向复杂化、跨学科化。当前实验课程中开展的实验项目多为近代物理实验，在一定程度上阻碍了实验学科的发展。虽然虚拟实验系统完全具备开设较复杂实验项目的要求，但往往因为学生无法理解复杂实验的设计原理和系统运行机理而被搁置。作为教育工作者，若能组织好教学活动，整合虚拟实验教学资源，借助微课程“重点讲解一个知识点”的特征，将实验的设计思想、实验方法和实验技能等关键点一一呈现给学习者，即可引导学生掌握复杂实验的要领，避免因学生、不会操作而走向“实验弯路”，提高学习者的创造意识。

总之，物理虚拟实验教学的重点是将教学资源合理配置，开设微课程可以拓展实验教学空间，使得学生能充分地学习和掌握实验教学内容，提高实验的教学质量。

3.虚拟实验微课程的可行性分析

（1）微课程的特征。第一，时间简短。学习者在学习过程中存在一条“注意力法则”，即学习者很难在40分钟的课堂上一直保持全神贯注，高度集中精神学习的时间一般在10分钟，时间过长很容易造成认知负荷过重，学习效率下降。微课程是将教学内容划分为小的知识点，时长一般为3～5分钟，比较适合实验原理、实验操作等模块的讲解。

第二，方便观看。微课程的表现形式一般为视频等流媒体格式，资源容量较小，支持多种跨应用平台。只要借助网络，通过手机、平板等终端随时随地都可以查看微课程资源。

第三，针对性强。在教学内容上，面向学生，基于某个实验项目的知识点展开教学，主题突出，聚焦学习，知识粒度适中，支持碎片化学习和个性化学习。

（2）大学物理虚拟实验的特征。第一，开放性。目前，物理实验教学中所用的实验仪器复杂、精密且昂贵，一般不允许学生自行设计参数和反复调试仪器，这显然不利于学生开展创造性实验。在设计性和开放性实验教学方面，虚拟实验可以拓展有限的课堂教学时间，使得面向大部分学生的设计性、开放性实验教学得以实现。当学生不再需要去专门的实验室而是在虚拟实验系统中进行学习时，微课程可以通过网络平台给予学生必要的帮助和指导。

第二，探究性。虚拟实验课程没有普通意义上实验所需要的必备器材，没有对实验室环境的硬性要求。要达到物理实验教学目标，实现的手段是关键。虚拟实验系统作为一个探究性平台，为学生展示实验原理、验证设计思路提供支撑，鼓励学习者自主操作实验。传统实验教学在培养学生实验基本技能方面，比虚拟实验系统更有优势，但对于探索性、创新性的实验，虚拟实验系统更为有效，可以完成复杂的综合性的实验项目。

第三，多样性。物理实验教学是一种以“案例教学”为课程组织特征的教学形态，基于实验项目本身展开，此时解析教学目标就显得尤为必要。虚拟实验系统里有内容提示、操作提示，能够满足不同层次学生的实验需求，而且还能展示物理实验里难度较大、无法真实演示的复杂实验教学内容，并帮助学生消化该部分教学内容。

（三）大学物理虚拟实验微课程的设计

1.虚拟实验微课程的设计目的

（1）提高实验水平。信息化时代对学生的创新能力和实践能力的要求越来越高，高校要重视实践环节，加强实验、实践教学的改革，提高学生的实践能力，培养学生的动手、分析问题和解决问题的能力。

虚拟实验微课程要以提高学习者的实验水平以及实验能力为目的。在微课程的设计中，内容设计是教学设计环节的重点。为了满足学生的碎片化学习需求，教师在将实验内容制作成微课的同时，要保证实验内容的完整，并以实验原理为重点，在优化教学资源、改革实验教学模式的基础上，促进学习者在微课程个性化学习过程中解决自己存在的问题，激励学生完成指定的任务并培养学生解决实际问题的能力，提高学生的实验素质。

（2）优化实验教学。教学的教育性是客观存在的，教学设计是一门为了提高教学效果的应用科学，通常涉及一个组织化的教学过程，最常见的教学设计模式是ADDIE模式，包括教学的分析、设计、开发、实施和评价五个环节。

微课程的设计关键要从教学目标制定、学习者分析、内容需求分析、教学媒体选择等方面考虑，同时要更加注重学习者的主体作用，发挥学习者的主观能动性，科学安排其学习过程，这样才能让教师在较短时间内运用最恰当的教学方法和策略讲清讲透一个实验知识点，让学生在最短时间内掌握和理解实验教学，确保微课程能够满足学习者不同的实验需求。

总之，实验的微课程应该具有明确的教学目的、潜在的教学对象和严格的科学性，并遵循合理的教学原则和教学方法。这不仅要深入剖析教学过程，在设计上充分体现教学思想的指导，而且要注意引导学生在理解原理的基础上正确进行实验操作，注意实验现象分析和实验数据总结，锻炼学生的综合素质，使其在以应用实践为核心的实验课程上发挥自己的潜能，提高实验能力。

2.虚拟实验微课程的设计原则

（1）个性化。微课程应为学习者提供个性化服务，以达到促使其有效学习和深度学习的目的。设计微课程的目的是促进自主学习能够真实、有效地发生，如果学习不能真实发生，那么该资源便失去了其存在的价值和意义。教师在设计过程中一方面可以根据自身教学风格来开设系列化或专题式的微课程，另一方面可以充分利用大数据、云计算等手段，把“二维码”“社交软件”“虚拟现实”“HTML5”等技术元素融入物理实验微课程的建设和应用，提升实验的趣味性与互动性，吸引对实验项目感兴趣的学习者，让学习者在愉快的交互活动里进行实验学习。

另外，在虚拟实验微课程的学习中，要能使学习者根据自己的学习需求，通过微课程提供的个性化的反馈信息，主动寻找适合自己的学习资源，在交互式学习中构建自己的知识体系，主动参与实验项目本身，完成自我建构知识结构的个性化学习。

（2）关联性。第一，虚拟实验的微课程不能围绕大量信息进行建构。在微小的学习组块中，学习者可以在较短的时间内完成课程任务，从而使学习者更容易循序渐进地接受、吸收并掌握复杂的实验原理与操作。与此同时，在虚拟实验微课程中应适当加入交替结构，虽然被分割为单一主题或者微小的知识点，但应注意微课程之间的联结，让学习者在进入下一个学习阶段之前有承上启下的学习体验。

第二，为了避免获得零散杂乱、不成体系的知识，在微课程的设计中，除了注重对实验单个知识点的开发，还要注重对物理实验背后某个领域的横向结构化微课程的体系建设，使学生不仅能够基于实验项目进行纵向的深度学习，而且能在实验相关的知识领域内进行连贯性的建构式学习。将微课程体系化后，学生就可以沿着“切碎、连通、整合、聚焦”的顺序进行课程学习，从而实现知识的连通和融合创新。

（3）交互性。微课程不能仅提供单个知识点的教学视频片段，不能采用传统教学资源去头去尾的方式。在微课程建设过程中，教师要体现师生的交互，提供配套的其他教学资源，构建交互教学的微课程应用环境。除了有以小视频形式为主题的资源，还应提供微课程配套的实验原理说明书、实验测验问卷、实验结果分析反馈等，以此体现微课程的系统化。微课程不是一些静态教学资源的整合，只有实现了交互，运用微课才能提高学生的学习效益。

（4）开放性。微课程应是开放、共享、易传播的形式。任何学习者可以随时随地通过链接、搜索或访问平台找到微课程资源，可自由开展微课程的学习活动。如果没有网络辅助平台的使用，教师单独开发的微课程，只能作为使一小部分学习者受益的微课资源，起不到传播、共享的效果，不但如此，还容易导致资源重复开发、利用率低。

（5）发展性。微课程的教学过程虽然具有一定的预设性，但微课程不能是静态的，应是不断充实完善的。以网络平台为依托的微课程学习是一个动态发展的过程，因此微课程的建立也必须具有可发展性和可拓展性。

一方面，微课程资源要能够依据技术和时代的发展，动态灵活地提供补充和更新，微课程需要随着技术的进步、平台功能的更新、学习环境的改变而进行适当的迭代优化。在互联网高速发展的信息时代，网络构建了微课程的交互教学环境，方便了学习者的学习，可以提高学习者的学习效率，丰富学习者的学习成果。它绝不能仅仅看作微课程的技术支持，而应作为课程的一部分真正融入课程。

另一方面，随着师生互动的发生，在网络平台这个场景里本身就会不断有新的内容产生。有交互，自然就有问答，教师就可以根据学生的实验数据信息进行总结或评价，继而再次生成微课程的实时反馈内容并及时推送出去。

3.虚拟实验微课程的系统设计

（1）虚拟实验微课程内容的设计。教师在开发微课程前要做好课程的相关设计，微课程里应该包含导学、知识点、问题讨论或思考、作业等元素，因此微课程内容的设计要从确定实验内容的主题、设计实验目标、确定实验过程和制定实验报告四个方面出发。

（2）虚拟实验微课程平台的设计。大学物理虚拟实验是基于学习者对于实验原理的解读，学习者除了需要自己操作实验、观察物理现象和记录实验数据，还需要具备观察能力、分析归纳能力、想象推理能力。这样的学习活动必须依托教学平台，为学习者提供导航、梳理现象以及评价分析实验结果的帮助。

通过参考教学系统设计等相关理论可知，微课程的本质属性是课程属性，其功能除了提供教学资源，还提供学习支持。在微课程平台里，要真正发挥课程资源教与学的作用，则必须保证学习活动真实发生，学习者在课程平台里根据学习需求选择有关联的微课程进行学习，在交互和反馈中完成实验项目的学习。

教师需要把复杂的虚拟实验项目提炼成小的知识点，通过专题形式组织教学内容，将实验原理、实验操作、实验现象分析和实验应用连接起来，使实验者在学习前能够浏览到该实验项目的知识结构图或知识地图，弄清楚微课程系列的逻辑关系，通过微课程平台的资源学习和测验评价等交互手段，把握该课程的学习内容，进而合理安排实验学习的顺序，完成知识的连通和融合创新，促进高阶思维能力的发展。

（3）虚拟实验微课程的教学模式设计。一般来说，教学模式概括了整个教学活动及各要素之间的内在联系。虚拟实验微课程教学包含了实验者、教师、虚拟实验软件和虚拟实验微课程平台这四个要素。它们在教学过程中相互联系、相互作用，形成一个有机的整体。微课程以一种课程资源的形态呈现给学习者，针对不同类型的虚拟实验项目和不同基础的学习者，教师可以合理设计实验教学过程，选择恰当的教学模式来开展实验教学。

①个性化自主学习模式。终身学习理念促使学习者的学习方式走向多元化，个性化自主学习模式需要学生的自主学习能力有一定的水平。在个性化自主学习过程中，教师不再讲授实验原理等知识点，而是把任务清单告知学习者，提示他们参照微课程的流程图来开展虚拟实验学习，引导学习者对自己的知识建构过程进行合理的计划和调控，合理规划学习时间和学习内容，找到适合自己的学习方法，有目的地进行学习，以提高学习的效率。

实验者根据提供的微课程资源和任务列表，自主确定实验学习目标，自行安排学习计划，基于在虚拟实验系统中的实验操作过程，积极思考实验现象以及遇到的问题，在解决问题中学习和掌握实验原理，同时学习者对自己的学习行为有所监控，自主转换学习策略并作出相应的调适。通过类型不一的教学资源的建设，学习者可以在课前有针对性地选择适合自己风格的教学资源，对实验进行全方面的预习。比如，有些学习者对于实验原理模棱两可，但是动手操作能力突出，其此时再去听教师的详细讲解操作，意义并不是很大，反而浪费时间。有些学生理论知识扎实，但在实践动手、发现问题和解决问题方面有所欠缺，这时学习者就可以根据自身情况，运用微课程的微任务清单强化目标意识，借助对应的微课资源解决实验过程中存在的问题，减少学习过程中的盲目性，实现个性化学习。教师可以根据实验项目，对不同基础的学习者开展启发式教学；同时，学生可以借助微课程平台上的课程资源开展适应式学习，通过自我组织实验活动、参照微课程制订并执行实验计划，完成实验项目后的自我总结评价。

②以微课程为主的混合教学模式。预习是物理实验教学的重要环节，学生通过实验预习掌握实验目的，继而有指导地进行操作和观察，独立思考，利用掌握的知识对现象进行合理分析讨论，以解决实验问题。在实际教学中，由于实验条件和师资力量的限制，学生很难有实验预习环境。

借助混合式教学模式，可以让学习者在任何学习场所开展实验预习。在此过程中采用“先学后教”的方式，即学生先来学习微课程系列中的“实验原理讲解”和“实验发展趋势”等内容，完成相应的实验预设任务，继而教师根据学生对实验的掌握程度，在获取反馈信息后，讲授或组织问题探究，对整个教学活动进行总结、评价。

教师不仅可以在预习环节运用微课程，也可以将微课程应用于实验教学的课中和课后，以对教学效果进行干预优化，在课内根据学习者习惯，推送不一样的教学资源，课下则是基于平台互动进行个性化指导，进而提高学生学习效果。

③以微课程为辅助的传统教学模式。通过之前的问卷调研，分析数据后可知学习者在实验类的课程中，在很大程度上依然依赖授课教师的“教”。教师在微课程教学中，需要一如既往地担任好组织者和引导者的角色。

这里的“以微课程为辅助的传统教学模式”不同于目前大学物理虚拟实验课程主要采用的“传授—接受”和“示范—模仿”模式。它指在当前传统模式的基础上，以微课程为辅助的教学模式。当教师完成某个实验内容的讲解后，由于学生的学习程度存在差异，往往会有一些学生在实验操作、实验原理的理解上遇到一些问题，从而无法顺利完成实验操作。这部分学生就可以通过相关微课程，及时回顾相关知识或概念，以帮助自己完成实验任务。

一开始，教师对实验目的与实验意义进行简要介绍，然后阐述实验的系统环境、实验原理和实验步骤，最后总结实验的注意事项。之后学生在仿真实验系统中进行实验操作。教师在教学过程中只进行示范操作除此之外，通常不对学生的操作实验进行干涉，学生在仿真实验软件中主动进行实验操作，认真完成实验任务，撰写实验报告。

（四）大学物理虚拟实验微课程的开发

1.微课程开发工具及平台

（1）开发工具。①录屏工具。虚拟实验的操作都是在虚拟仿真实验软件上进行的。对于一些较复杂的实验操作，有可能需要教师的示范。一般来说，其都是由教师在教师机上演示，学生通过投影屏幕观看并记录具体注意事项，这样不仅影响教学效果，而且不利于学生在实验过程中反复查看。因此，虚拟实验操作的录屏是最为关键的。

一般的录屏软件有Camtasia Studio、屏幕录像专家、Snagit等。不同的软件功能都比较类似，但风格和特点各不相同。教师可以根据自己的习惯选择合适的录屏软件。目前Camtasia Studio的使用率较高，是一款集录屏和后期编辑为一体的录屏软件，功能强大，方便易学，能够记录屏幕动作。使用者可以自己定义录屏的屏幕大小，并且还能记录屏幕上的影像画面和系统声音。另外，Camtasia Studio还具有强大的视频播放和视频编辑功能，软件内置了一个媒体播放器，可播放录制的视频片段，还有添加标注、画中画、添加字幕特效、增设转场效果、录制旁白等功能，可以导入现有视频进行编辑操作。

Camtasia Studio软件也可进行声音处理。点击任务列表里的“音频增强”，打开相关操作界面，点击“消除噪音”按钮，软件就会自动把录制时“嘶嘶”的声音消除。当然，如果需要复杂的声音处理和合成，建议使用专业的音频处理软件，如Adobe Audition、GoldWave等。

②图片和视频编辑工具。Adobe Premiere和Edius等视频编辑处理软件，可以对录制的视频进行后期制作。后期处理一般涉及影片剪辑、添加视频特效、插入片头片尾标识、插入图片、文本编辑（如添加字幕）等工作。其中，Adobe Premiere功能强大，兼容性强。Adobe公司旗下的软件具有共通性，支持多个软件为同一个对象编辑处理，教师可以在Adobe Audition CS6中对声音进行优化处理后，再将相关文件导入Premiere继续编辑。Edius占用内存较少，具有易学、界面友好等特点，是视频处理与制作爱好者广泛选择的视频编辑器工具。Adobe Photoshop主要处理用像素构成的数字图像，可以有效地进行图片的编辑工作。一般作为图片类教学资源的辅助软件工具被使用。

③其他开发工具。Epub是把XHTML、XML、CSS等内容通过Zip压缩方式压缩成一个文件，可以供学习者在移动终端进行电子书阅读。Sigil则是一个用来制作编辑Epub格式书籍的软件，具有多视角的编辑器，具有分书籍预览模式、代码预览模式和双阅览模式几种模式，具有友好的用户界面。

微课程资源的开发还可以借助其他常用工具。例如，在幻灯片放映时可单击“录制幻灯片演示”，另存为WMV格式的视频文件；也可单击“文件—保存并发送—创建视频”，设置每张幻灯片的放映时间，输出为视频文件，当作素材文件进行后期编辑。还可使用QQ影音，QQ影音具有对视频进行片段截取、制作GIF动图等功能。此外，在硬件设施方面还需要用到摄像机、电子白板、手写板、翻页器等。

（2）开发平台。微课程平台需要涵盖微课程的全部教学资源，并可促进个性化教学活动的发生。为此，笔者选择了腾讯公司开发的微信公众平台，微信公众平台是腾讯公司在微信软件中新增的功能模块，通过这一平台，个人和企业都可以打造一个微信公众号，并实现和特定群体的文字、图片、语音的全方位沟通、互动。公众号的特点是以一对多，面对所有用户，即搜即用，以传播微课程，还可以与来自不同地区、不同学校的学习者随时展开互动，实施个性化指导。

随着2012年8月微信公众平台的开放，互联网逐步迈入“轻应用”时代，通过扫描二维码即可浏览信息、关注公众号，之后马上就可以收到账号发送的相关信息和内容推送。如果以后不喜欢了，还可以取消订阅，非常方便。在微信公众平台的后台，在素材管理里面可以新建图文消息，其支持各种多媒体的呈现方式。开发者可以根据腾讯本身提供的编辑模式对教学资源进行整合和梳理，也可以借助开发者工具提供的外置端口，自己设计个性化网页等教育资源。

另外，虚拟实验大多基于虚拟实验系统或仿真软件。虚拟实验系统是虚拟实验微课程教学活动存在的基础和前提。对此，教师可以在微信公众平台里给学习者提供虚拟实验系统安装包，并告知学习者虚拟实验的环境和简要的操作说明。

2.微课程资源的开发流程

（1）微课程资源的开发。资源的开发要追求多样、便携。大部分微课程以视频为载体。在微课程资源开发中，要注意从课程形式、教学呈现、参考资料等多个维度去安排。微课程资源开发清单如表6—1所示。。

表 6-1　微课程资源开发清单

维度	具体指标	具体说明
课程形式	片头片尾	课程需要开场介绍和结束总结
	辅助工具	屏幕录制软件、幻灯片、手写板、麦克风
	语言风格	课堂用语清晰易懂，规范学术用语
	课程时长	3 ～ 5 分钟，无长时间停顿，无语病，语速适当
	画面质量	视频图像清晰稳定、画面布局合理
教学呈现	课程主题	独立性、完整性、关联性
	教学过程	组织与编排符合学生认知规律，设计安排合理
	提问反思	注意设计问题，为学生思考提供时间和空间
	归纳总结	概括要点，帮助梳理思路，强调重点和难点
参考资料	资料上传	微课件、微评价、练习题等教学资源
	资源推送	课程平台的关键词规则设计、图文消息编辑

针对不同的课程类型，在呈现教学资源时需要考虑的重点各不相同，下面

将从以下五种实验课程类型出发来详细说明微课程资源开发的侧重点。

第一种，原理讲授型课程。其是对实验原理的重难点有针对性地讲解，有利于学生进行预习，同时在学生预习时引发思考和共鸣，为学生掌握新的知识点提供个性化的教学支持。一般采用PPT加解说的模式呈现给学习者。

第二种，问答型课程。其是教师根据教学经验，针对学生会重复出现的典型操作错误、问题进行重点解答，就某些学生难以理解的内容进行分析讲评，及时解决学生存在的问题。

第三种，自主学习型课程。其主要适用于开放性、设计性实验，教师可创设更多机会让学生积极主动学习。在教学过程中，还需要提供学习者在实验过程中有可能需要参考的实验设计和知识地图，引导学生主动探索实验过程，分析实验现象和数据，完成虚拟实验项目的学习。

第四种，演示型和实验型课程。其是当学生在虚拟实验系统中面对虚拟的实验仪器，不知道如何开展实验项目时，可以通过反复查看实验操作过程，对实验操作有进一步的了解。

在虚拟实验学习过程中，虚拟实验的操作尤为重要，因此虚拟实验微课程中的一个重点就是录制实验操作。教师需要完整地录制实验过程、实验知识点的讲解。

第五种，探究学习型课程。其可以为学生创设一定的实验情境，引导学生独立发现实验操作和实验数据里出现的问题，鼓励学习者探究实验过程、自主解决问题，从而进一步促进学生探索精神和实践能力的发展。

虚拟仿真实验系统是开展探究型实验项目的重要载体。在探究型实验里，微课程不只是复杂实验项目的操作演示。虚拟实验微课程资源的开发要回归到虚拟实验项目本身，应尽力为学生提供真正的虚拟实验环境，设计出虚拟实验仪器，让学生基于课程中给出的实验目标，自行设计实验步骤，自由进行实验操作，从而完成实验探究。这种资源开发需要借助多媒体信息技术、虚拟现实技术和Web服务技术，在计算机上创造虚拟实验教学环境，开发出更具有教学性、指导性的虚拟实验系统，使学生通过接近真实的人机交互界面完成实验，使学生能够按照自己的思路而不是拘泥于课本知识来进行实验，拓展其思维，真正实现将实验教学数字化和虚拟化。

（2）微课程资源的输出。在微信公众平台的素材库里，可以添加图片、语音、文字、图文消息以及视频等教学资源。在上传视频时，若视频大小不超过20 M，就可以直接在素材库中上传。超过20 M的视频，可先挪至腾讯视频后台，然后添加至素材库。目前腾讯视频支持众多常见的视频格式：在线流媒体格式mp4、flv等，移动设备格式mov、3gp等，微软格式wmv、avi等。腾讯视频的上传流程分为以下四个步骤：第一，将视频上传至服务器；第二，上传成功后，服务器将视频转码成播放器可识别的格式；第三，转码完成后，视频进入内容审核阶段；第四，审核通过后，视频正式发布。

微课程资源除了最常见的视频形式，还有教学文档、实验图片、虚拟实验软件、实验原理课件、实验测验题库等形式，这些资源借助云盘实现资源共享，教师可将微课程资源上传到网络空间，方便学生随时随地获取，还可提高资源的利用率，实现微课程资源的跨班级、跨学校、跨地域的多次重复性使用。在虚拟实验教学过程中，教师可以在课件中将下载链接用二维码等形式提供给学习者，学生可以借助移动终端扫描进入微课程学习单元，或者直接关注微信公众平台，成为学习用户后，随时随地访问学习资源，这样最大程度地促进学习者移动学习的发生。

（3）微课程资源的更新。微课程教学在一定程度上可以把传统学习的优势和数字化或网络化学习的优势结合起来。作为微信公众平台的管理者，一方面要定期将微课程的视频资源、图文资源等更新至公众号后台的“素材管理”版块，定期发布关于实验的最新消息，加强与学习者的有效互动，还要对已建设好的课程进行持续更新，保证教学资源按照教学进度更新。同时，在教学实证中，实时跟踪微课程的使用情况，不断更新、迭代最佳的课程版本。另一方面，信息技术日新月异，随着课程内容的不断更新，传统的实验室如果要更新实验器材，则需要完全更换设备才能满足要求，而在虚拟实验教学中，教师可以充分利用构件和Web服务技术的优势，不断扩充虚拟实验教学平台，而且学习者亦可以根据自身需求自行在平台中添加相应虚拟设备。

3.微课程平台的开发

（1）微课程平台教学功能的开发。①发送图文消息。图文消息是可以把需要发送给粉丝用户的相关资讯进行编辑、排版来展现主题内容的。目前设置图文消息内容没有图片数量限制，正文里必须有文字内容，还可插入视频、音频、链接、图片等内容。用户收到的图文消息封面会显示摘要内容、图片和标题。如果用户对主题感兴趣，即可点进去查看具体内容。

教师可以将实验内容的介绍通过在图文消息中编辑进而发送给学习者。在图文中，教师可以插入微课程视频，提供实验测验、实验评价、实验报告、实验软件等资源的下载链接，还可以在实验教学后发起投票活动。部分公众号进行微信验证后，就可以发起图文消息的评价功能，一篇图文消息里最多可以公开50条评论，这样有利于进行教学互动。

教师可以在后台直接编辑好不同实验项目的具体内容和后续更新，保存在素材管理版块中，只要借助网络就可以随时随地在移动终端上实现一键群发。学习者可以在第一时间获取新的实验内容，根据微信公众平台更新的学习清单，通过手机、平板等移动设备在任何时间、任何地点进行自主学习。

②关键词回复。为了辅助学习者的实验活动，平台里存放了多元化的微课程资源，涵盖了微课视频、图片、语音、文本、链接等各种形式。由于学习者的学习风格不同，这些资源没有必要全部呈现，可以让学习者自行在后台回复关键词获取。

通过在微信公众平台设计“自动回复规则”，即可实现个性化的资源推送。微信公众平台的关键字回复，在某种程度上发挥了个性化教学的作用，只要发送与实验相关的关键词，学习者就可以自主查看这些关键字的解析，从而实现实时答疑。

③菜单设置。对于一些由于感兴趣而关注公众号的学习者，虽然不能直接面对面与教师交流，但是可以借助微信公众平台进行一对一的学习。借助公众号里的菜单，任何学习者都可以访问微课程平台里提供的系列微课程以及实验测验、操作小结等个性化教学资源，不同实验基础的学习者都可以开展个性化的微课程学习。这种对菜单的点击访问，在公众号后台的数据里是可以观测到的。同时，教师可以根据学习者的访问和互动记录，建立学习者的个人实验档案，进而推送适合学习者基础水平的实验知识和实验测验。

（2）微课程平台的交互功能开发。微信公众号后台具有与不同学习者进行实时交流、消息发送和素材管理等功能。

①学习用户的管理分析。在后台可以查看任意时间段内用户数的增长、取消关注的人数和用户属性等数据。教师可以根据这些数据，参考学习者的实验水平、专业、年龄等维度来对不同的用户进行分组设置，每个用户可以有多个标签组名。发送教学资源时，可以针对不同风格的学习者，推荐最适合他们的学习资源。

②学习用户的消息分析。用户在向公众号发送消息后的48小时内，公众号管理者都可以与之互动。这样教师就可以查看不同用户发送至后台的消息了，进而了解学习者的需求，实现异地异时答疑解惑。教师可以针对有代表性的问题，建立问题库，方便以后查找和二次编辑。教师在虚拟实验教学过程中，除了组织学习活动，还能够与学生互动，及时反馈学生提出的问题。当学生完成微课程学习后，教师可以给予及时、中肯的评价，这样不仅能让学生维持学习

动机，还能提高学生学习的主动性和积极性。

教师还可以基于学生的认知、行为等特征向其推荐个性化的学习资源。学习者可根据自己的学习情况来选择适合自己的学习内容、学习资源、学习步骤，而不是所有学生都按照一样的流程完成一样的实验项目。

另外，通过微信认证的公众号可以在“服务中心”中申请开通客服功能。此项功能意味着为所有的实验项目创建了一个共通平台，不同实验的指导教师可以同时对公众平台里的实验学习者进行“多对多”的答疑解惑，借助微信公众平台开展实验教学。

③图文消息分析。也就是在微信公众平台看有多少学习者收到了消息推送并打开查阅相关内容，查看图文转发、收藏、点赞、消息发送等一系列数据。

公众号不仅可以发送消息，而且可以接收来自微信学习用户的语音、小视频、文件等，管理者可以择优并将其保存到素材库中，以充实微课程资源。

总之，微信公众平台可以作为存放学习者交互信息的资料库。教师可以通过对学习者的访问数据进行深度挖掘来分析学习者的行为，通过推送一些链接、测验或问卷来检测学生的学习效果。

第四节　信息技术在物理网络教学中的应用

一、大学物理网络教学模式

（一）网络环境下的探究式教学模式

网络环境下的探究教学模式，主要指在具有丰富资源的网络环境下，根据事先制定的学习目标，让学生自主运用多媒体，自主选择不同的学习程序。利用探究的方式，自主确定学习步调，自主检测和评定学习结果，自主矫正学习中的错误，自主改进学习方法，直至达到学习目标。在这种模式下，教师和学生是一种新型的平等协作关系，学生与学生之间之间具有一种平等互动的关系。网络使学生之间、师生之间的交流更加便捷，从而促进探究式教学更加有效地进行。

多媒体网络是由教师机、学生机、服务器和控制台联网而成的个人计算机系统，可以实现教师和学生、学生和学生之间的点对点、点对面的通信。多媒体网络教学可以满足学生自行选择学习方式和内容的愿望，进行个性化教学或者自主学习，为学生创设更加广阔的自主学习和探索知识的空间，充分体现了学生在课堂学习过程中的自主学习地位。多媒体网络的作用主要体现在以下两个方面。

第一，多媒体网络可以实现学生彼此间的交往、沟通和合作，以及教师对学生学习活动的监督和反馈。

第二，多媒体网络为学生的自主学习提供了丰富的学习资源。利用网络提供的信息资源进行学习，可以突破教材是知识主要来源的限制，用各种相关资源来丰富封闭、孤立的课堂教学，扩充教学知识量，使学生不再只是学习教材上的内容，而是能扩展思路，看到百家思想，同时培养了学生理解学术观念、驾驭学科知识的能力，获取、利用信息资源的能力。

（二）“演示—模拟—探究”教学模式

“演示—模拟—探究”教学模式就是在演示实验的基础上，用计算机模拟实验现象发生过程，促进学生识别实验现象发生及变化的条件，然后再进行抽象概括，形成概念规律或找出物理现象的共同特征。这种模式比演示实验后直接进行抽象概括的效果更好。这是因为相对于演示实验，学生的观察具有滞后性和被动性，并且实验现象往往很快消失或者不清晰，这容易造成大量学生观察困难，难以形成鲜明、丰富的表象。利用计算机模拟实验就可以有效地解决这一问题，从而优化学生的学习过程。以此流程为基础可以有多种变式。例如，可以有多次演示实验和模拟实验，也可以利用计算机呈现问题情境、物理模型等作为补充。

（三）“讨论—探究”模式

“讨论—探究”模式的基本教学过程如下：学生围绕问题进行观察和阅读—分组讨论—小组汇报—运用结论—练习。

成功开展信息技术支持下的教学要求学生必须具备相应的信息技术和学科基础知识、认知能力，对探究发现学习持积极态度，这意味着学生的知识储备达到一定的程度才能完成教师所要求的各项活动任务。

在物理教学中利用探究式教学模式，改变了知识的传输方式，培养了学生的创新精神和实践能力。随着教学改革的不断深入和信息技术的发展，探究发现学习将在物理教学中得到更加广泛的应用。

基于信息技术的探究式教学模式，重视探究过程中学生的体验。学生的学习过程不再是被动的，而是转变为主动参与，积极探索，不断建构和整合自己的认知结构；教师的作用在于指导、点拨。各种教学媒体同时掌握在教师和学生手中，成为学生获取知识信息、掌握技能的认知工具和交流讨论、共同进步的沟通工具。学生在探究活动中获得的不仅是知识，更重要的是学会了研究的方法与手段，这是一种终身学习能力，能为他们的长远发展奠定坚实的基础。在信息技术与学科课程进一步融合且信息技术日益普及的今天，这一教学模式将受到越来越多的教育者的关注和重视。

二、大学物理网络教学系统的设计

（一）构建大学物理网络教学系统的意义

随着现代教学理论和现代技术的日益发展，将信息技术融入现代教学已成为必然趋势。多媒体教学系统更成为现代教育中必不可少的工具。多媒体教学系统是在教室中，把影视、图形、图像、声音、动画及文字等各种多媒体信息实时地、动态地引入教学过程，形成了电脑教育及教学方式的新趋式；计算机教学网络是利用网络资源共享的功能实现各种教学手段共用的局域网，目前在各级学校应用得十分广泛。两者的日益结合促进了现代教学的发展。大学物理网络教学系统能充分利用现代化的网络技术与多媒体技术，把知识点高效地传递给学生，所展示的内容生动形象、充实具体，有利于学生知识的接受和扩展能力的形成与发展。因此，个性化交互式多媒体教学平台的设计势在必行。网络教学系统构建完成后，教师可以随时利用其进行教学。因此，网络教学系统的构建是一项有意义的工作。

1.可以方便教师的教学工作

网络确实给教学工作带来了极大的方便。比如,在教学中,教师可以在课堂上利用网络提供的图像和图形进行直观性教学，促进学生对物理图像的理解；教师可以将自己的讲义及有关的学习资源放在网上供学生课后复习，便于学生随时上网浏览；学生可以通过E-mail交作业；师生可以随时通过E-mail交流，或者学生之间通过网络进行讨论。事实上，目前很多教师已经不同程度地利用网络辅助教学，如提供电子讲义，通过网络答疑或讨论等。因此，给教师提供一个更好的网络教学系统就成为一种趋势。

此外，网络可以帮助教师更好地制定许多教学设计策略，使原来不太好实现或不可能实现的教学设计思想得以实现。比如，利用网络开展基于资源的教学、基于问题的教学以及协作教学等。有效地实行各种教学策略，可以加强教学效果，提高教学质量。

2.可以实现现代教育技术与传统教学模式的完美结合

当前高校教学改革的主要目标之一是改变传统的以教师为中心的教学模式，建构一种既能发挥教师主导作用又能充分体现学生认知主体作用的新型教学模式。

现代教育技术发展到多媒体网络教学阶段，为融入人本主义教学思想创造了条件。多媒体提供的丰富多彩的生动画面，可以使学习者全身心地投入创造性学习中；同时，网络为学习者创造了广阔而自由的学习环境，提供了丰富的学习资源，方便学习者自我探索、自我发现。传统教学模式容易使教师成为单纯的知识传授者。在网络环境下，教师可以由单纯的知识传授者变为学生学习的指导者、合作者和咨询者。教师与学生不再是不平等的权威关系和依赖关系，而是师生双向参与、双向沟通、平等互助的关系，这正好与人本主义对教育的要求相一致。

3.可以实现教学形式的多样化、最优化

在传统的课堂教学中，由于时间、场地、信息传递方式等种种因素的限制，个别化教学难以实现，而信息技术为教学形式的最优化提供了可能，其超时空的特点使个别化教学的操作变得切实可行。计算机及其网络技术的发展为个别化教学构建了一个技术平台。在虚拟网络世界里，学生完全可以按照自己的需要选择和处理各种信息，教师则可以根据学生的个性充当组织者和指导者，通过网上师生和学生之间的合作及教师的点拨、答疑，实现个别化教学，这也有利于教师有区别地对待学习差的学生和学习好的学生。

4.可以方便学生的学习

建构主义学习理论认为，情境、协作、会话、意义建构是学习环境的四大要素。基于建构主义学习理论的各种网络学习方式能够很好地满足以学生为主的学习环境四大要素的构建。依托于计算机网络和多媒体技术的网络学习环境，可以为学生提供更加真实的情境，可以为学生提供方便的协作、良好的会话氛围，因此更有利于学生主动完成知识意义建构。

随着计算机网络及多媒体技术的发展，在建构主义学习理论的影响下，人们的学习方式发生了很大的变化：从传统教学到基于资源的教学，再到基于资源的学习。基于资源的学习是学习者为解决某一问题或完成某项任务，利用环境所提供的各类资源，通过对资源的检索、学习、评价和重组找到所需要的信息，从此解决问题、建构知识的过程。

要充分发挥基于资源学习的优势，教师首先要为学习者提供丰富的相关的学习资源并要求学习者掌握查找资源的技巧和方法，这也是基于资源学习实现的前提条件。

5.可以充分体现物理学的学科特点，培养学生的创新意识

物理学是一门技术性、应用性较强的自然科学，蕴含极其丰富的创新教育资源。物理学的形式和发展包含创新和创造，是激发学生创新欲望的极好素材。物理学所涉及的物理现象和物理规律都能使学生产生丰富的想象，还可激发学生的创新意识。物理学还是一门实验科学，而实验是科学性和创造性相结合的载体，能充分挖掘出学生的创新潜能。物理知识与生活实际紧密相连，可通过网络教学平台的教学信息来体现。在物理教学中用现代教学设备演示物理模型，帮助学生想象，通过实验让学生总结物理规律，能培养学生的发散性思维，而发散性思维是培养学生创新思维的重要因素。

（二）大学物理网络教学系统的设计

1.大学物理网络教学系统设计的目标和要求

大学物理网络教学系统设计的目标：大学物理网络教学系统的设计和运用可以使网络作为知识和信息的载体而存在，成为一种教学和学习的工具与媒体，进而优化大学物理课教学。综合考虑以上因素，得出网络教学系统设计的要求，具体内容如下。

（1）要实现基本的教学功能。网络教学系统应该实现以下几个主要功能。

第一，教学管理功能。比如，教师开课管理、学生选课管理等；作业管理，教师可以在线布置作业、批改作业，学生可以在线递交作业；考试管理以及考试分数管理等，如提交成绩、查询成绩。

第二，提供资源。通过FTP资源库和网络导航库为学生提供大量的、有用的学习资源，包括生动的物理图像和有关科技前沿方面的知识以及电子讲义。

第三，提供师生、学生之间的交流载体。提供师生或学生之间实时或非实时的交流工具，如信箱、留言板、课程论坛等。

（2）要尽可能为实行各种教学策略提供条件。网络教学系统除了要实现公布讲义、在线作业等功能，还要有方便教师实行各种教学策略的功能。比如，利用资源系统为学生提供大量的、有用的学习资源，使之可以实现基于资源的学习，在设计网络教学系统时，应该尽量使各种教学策略融入该系统，让教师实行起来非常方便。

（3）要以学生为中心。网络教学系统体现了人本主义，所以不论在大的方面还是小的细节，教师都应该坚持以学生为中心，一切为了学生学习，充分发挥学生的主动性和创造性。

（4）要简单实用。网络技术可以给教学带来极大的方便，这是它最主要的优点。同时，教学最优化要求网络教学系统简单实用。事实上，确实有一些系统功能非常强大，但使用起来非常复杂，这使一些教师望而却步。因此，在设计网络教学系统时，应力争界面简单。

2.大学物理网络教学系统设计思路

（1）选择网络教学平台。

（2）在已选择的网络教学平台上进行个性化的设计，以便于个别教师加以利用。建立基于计算机网络与多媒体技术的网络教学环境（通过多媒体教学信息的收集、传输、处理和共享来营造教学环境）。

（三）大学物理网络教学系统的功能

Blackboard教学管理平台（Blackboard Learning System）是由北京赛尔毕博信息技术有限公司开发的。该部分主要针对这一教学管理平台进行教学设计。Blackboard教学管理平台是行业领先的软件应用，用于加强虚拟学习环境、补充课堂教学和提供远程教学平台。Blackboard教学管理平台拥有一套强大的核心功能，可以使教师有效地管理课程、制作内容、生成作业和加强协作，从而协助学校实现与教学、交流和评价有关的重要目标。其具体内容如下。

（1）课程管理，用于管理课程网站或者其主要组成部分。运用课程管理功能可有效地创建和设置课程（课程创建向导、课程模板），同时提供学期间的课程转移工具（课程复制、课程循环使用）和文档工具（课程导入/导出、课程文档、课程备份）。

（2）课程内容制作。直观的文本编辑器提供丰富的文本编辑界面，包括WYSIWYG（所见即所得）和拼写检查，用来创建有效的学习内容。快速编辑功能使教师可以在学生课程内容界面和教师课程界面间迅速切换。教师还可以导入由外部制作工具生成的电子学习内容，如Macromedia Dreamweaver、Microsoft Frontpage，或任何和SCORM配套的制作工具。

（3）选择性内容发布。教师可以根据课程内容和活动定制教学路径。对于内容项目、讨论、测验、作业或其他教学活动，教师可以根据一系列的标准有选择地发布给学生。这些标准包括日期/时间、用户名、用户组、机构角色、某一次考试或作业的成绩，或者该用户是否预习了下一内容单元。

（4）课程大纲编辑器。教师可以比较容易地创建课程大纲。他们可以上传已有的大纲，或者用内置的大纲制作功能设计和开发自己的课程大纲、课程计划。

（5）学习单元。教师可以创建有序的课程，思考学生是否必须根据该顺序学习所有的课程单元，或者允许学生从内容目录中选择单个的课程进行学习。学生可以保存他们在课程单元中的进度位置，以便以后从该位置继续。

（6）在线教材内容。全球所有大的教育出版商都开发了Blackboard适用的课程内容资料，以补充它们相应的课程教科书。课程内容包括多媒体资料、测试、题库和教材以外的附加资源的链接，如交互式学习应用。课程包一旦下载到课程网站中，就可以进行用户化定制。

（7）教学工具。支持特定教学活动的多种工具，如电子记事本（网络笔记本：学生在学习课程资料时可以在线记笔记）、教员信息（详细的联系信息和教员及助教的办公时间）。

（8）个人信息管理。日历用来管理\浏览教师安排的课程事件和个人以及学院的事件。任务工具方便教师给学生（个人或小组）分配任务，并观察他们的完成进度。Blackboard短信用类似E-mail的方式在课程内部通信，不必使用外部的E-mail系统或地址。

（9）讨论区。讨论区支持多议题的异步讨论。教师可以围绕不同的主题设置多个论坛，并嵌入合适的内容区或课程中。教师可以决定学生是否能够修改、删除、匿名留言和粘贴附件等。论坛内容可以根据议题、作者、日期或主题排列和浏览设置，并支持完全搜索。

（10）虚拟教室/协作工具。协作工具为实时同步的交流互动而设计，支持文本聊天环境和完全的虚拟教室。教师可以选择任一环境安排协作学习。除了文本聊天，虚拟教室还提供协作白板、小组页面浏览（页面游历）、问题和解答集锦以及退出教室功能。它可以在课程模式或开放式参与模式下运行。用户能够“举手”回答问题或得到完全的参与控制权利。所有的聊天信息都能被记录和存档。

（11）小组合作项目。为了支持小组协作，教师可以使用小组工具建立不同的学生小组。每一个小组都有自己的文件交换区、讨论区、虚拟教室和给小组所有成员发送信息的小组邮件工具。教师应该为不同的小组分配不同的作业或项目。

（12）测验和调查。教师可以开展在线的、自动评分的测验和调查，可以根据个人的、学院的或者外来的题库设计这样的测验。题目类型包括公式计算、计算题、判断正误、图片热区、评判量表、单项选择、多项选择、排序、匹配、填空、简答、论述、文件上传、句子重组和二选一。测验题目可以一次性给出，或每次只显示一个，可以选择计时与否，允许多次回答。

（13）作业。允许教师根据学生提交作业的形式创建作业项目。教师可以跟踪学生的作业进度，还可以给作业打分，并单独给每位学生提供在线反馈。

（14）成绩簿。教师可以在成绩簿中存储学生的成绩。通过Blackboard发放的测验分数会自动存储在成绩簿中。成绩簿支持客户化的成绩表、成绩加权、项目分析和多种成绩簿浏览方式。在教师允许的基础上，学生可以查看他们各自的成绩，但看不到别人的成绩。

第七章　大学物理教学模式创新之翻转课堂

第一节　翻转课堂理论概述

一、翻转课堂研究背景

现代科学技术的飞速发展，改变了世界，改变了人们的生活，也改变了人们的教育形式。从开始的投影仪到后来的多媒体，又到现在各种先进的电子器材，学生的学习方式正随着时代的发展而发生变化，教师的教学方式正受到科技的严峻挑战。如何根据时代的变化探索适合大学生的学习方式，是高校教师面临的挑战。

（一）课改背景

在我国，大学致力于不断提高人才培养质量，因此对学生的学习与成长发展高度重视。尤其是进入21世纪，高等教育进入大众化阶段，在校大学生数量日益增多。加之信息化时代的到来，学生获取知识的途径不再局限于课堂，网络中的海量信息更是其获得知识的重要来源。教师单纯的以讲述为主的教学方式已不能满足学生的需求，探索可适应新时代大学生需求的教学方式成为高等教育面临的一个比较严峻的考验。

2011年，教育部与财政部根据胡锦涛同志在清华大学建校100周年会议上的重要讲话精神颁布了《教育部 财政部关于“十二五”期间实施“高等学校本科教学质量与教学改革工程”的意见》（以下简称《意见》），《意见》指出，提高质量是高等教育发展的核心任务，是建设高等教育强国的基本要求，是实现建设人力资源强国和创新型国家战略目标的关键。这表现出对于高等教育的重视。《意见》明确表明：引导高校加强课程建设；支持高校开展专业建设综合改革试点，在人才培养模式、教师队伍、课程教材、教学方式、教学管理等影响本科专业发展的关键环节进行综合改革，强化内涵建设，为本校其他专业建设提供改革示范；引导高等学校建立适合本校特色的教师教学发展中心，积极开展教师培训等；开展有关基础课程、教材、教学方法、教学评价等教学改革热点与难点问题研究，开展全国高等学校基础课程教师教学能力培训。可见，国家把教学方式的创新改革作为提高本科教学质量的重点。

（二）现实背景

物理是一门与实际生活联系紧密的学科，由于学生的知识基础和学习能力存在差异，不同学生掌握同样学习内容所需要的时间不一样，因此教师在固定时间内以同一标准、同一速度对不同层次的学生进行授课，会导致优等生“吃不饱”，后进生“吃不了”的情况，从而使物理教学存在严重的两极分化现象。同时，由于课时的限制，教师既要顾及大多数学生的需求，又要追赶课程进度，很难面面俱到。以上是导致物理难教的重要原因。并且在现有的班级授课制下，教师不可能为不同层次的学生提供个性化的辅导。学生不能及时得到教师的个性化指导，其学习中遇到的问题就会不断叠加，导致学业成绩变差，时间一长，学生就对物理学习失去兴趣。这也是导致物理难学的重要原因。

（三）时代背景

当今时代，移动互联网已经覆盖了世界的诸多地方。手机、平板、笔记本等电子设备的逐渐普及，为翻转课堂的建设和学生学习提供了极大的方便。可以说，移动互联网和智能移动终端的高速发展为翻转课堂的实施提供了技术基础。以往人们如果想学习网上课程，需要在规定的时间段到专门的机房才可以学习，而很多人并不具有这种便利条件。

而今天的学生，他们刚刚出生的时候，数字化产品就已经出现，就是他们周围生活中的组成部分。他们天然地认为数字化产品是人类生活的必需品，所以信息技术专家称这些孩子是数字化时代的“原住民”。因此，这些孩子更适应从屏幕上而不是从书本上获取知识，或者说两者都是他们获取知识的重要渠道。

二、翻转课堂的定义

翻转课堂是根据英语“Flipped Class Model”翻译过来的术语，还可译为“反转课堂”“颠倒课堂”。对于翻转课堂概念的界定，学术界还没有统一的规定。英特尔全球教育总监布莱恩·冈萨雷斯（Brian Gonzalez）认为：“翻转课堂是指教育者赋予学生更多的自由，把知识传授的过程放在教室外，让大家选择最适合自己的方式接受新知识；而把知识的内化过程放在教室内，以便同学之间、同学和教师之间有更多的沟通和交流。”而萨尔曼·可汗是这样描述翻转课堂的，学生在家完成知识的学习，而课堂变成教师与学生这宰和学生与学生之间互动的场所，包括答疑解惑、知识运用等，从而达到更好的教育效果。也有一部分国外学者是从实施方面进行定义的，如“翻转课堂指通过运用现代技术，教师将常规课堂里自己讲授的内容制成教学视频，作为学生的家庭作业布置给学生，学生在家中观看并学习视频中的讲授内容。而课堂教学则贯穿师生互动，开展合作学习，解决学生观看教学视频后产生的问题，并进行进一步的知识应用和拓展，发展学生的高级思维能力等”。

以上是国外一些学者对翻转课堂的定义。翻转课堂传入我国之后，我国教育学者也尝试对翻转课堂进行了解释。苏州电教馆金陵认为，翻转课堂是“把教师白天在教室上课，学生晚上回家做作业的教学结构颠倒过来，构建学生晚上回家学习新知识，白天在教室完成知识吸收与掌握的知识内化过程的教学结构，形成让学生在课堂上完成知识吸收与掌握内化过程、在课堂外完成知识学习的新型课堂教学结构”。刘荣认为，翻转课堂是“由教师制作学习视频，学生先在课外或家中观看视频中教师的讲解，再在课堂上针对课前学习进行面对面交流并完成作业的一种教学形态”。南京大学的张金磊、王颖、张宝辉认为，翻转课堂是“在课前通过信息技术的辅助进行知识传授，在课中通过教师引导和同学协作完成知识内化”。

因此，翻转课堂是相对于当前课堂上教师讲解、学生听讲，课后学生完成作业的教学形式而言的；它是利用信息技术的便利，教师将对知识点的讲解录制成短小精悍的教学微视频，配以其他学习资料，通过学习管理平台发送给学生，学生在教师的指导和引导下先自学，完成课前练习；基于学习管理平台上的信息，教师在详细把握学情的情况下，课堂内有针对性地重点讲解，和学生一起解决疑难，完成作业。

三、翻转课堂的特征

根据以上国内外学者对翻转课堂的解释可知，翻转课堂主要具备以下特点。

（一）学生积极主动的学习状态

在翻转课堂教学模式下，学生有较为充足的时间学习课前微视频以及其他学习资料，掌握相关的知识内容，对课堂上的学习做好认知准备。认知准备做好了，对即将到来的课堂教学就容易产生有积极的情绪和情感。反之，如果没有做好认知准备，就很难有积极的情感和态度。

（二）以个体指导为主的教学风格

相对于传统的课堂，在翻转课堂上，教师的教学行为发生了明显的变化，其中一个突出表现就是教师面向全班的讲解大大减少了，而面对学生小组或者个体的单独指导增多了。教师不再是“讲师和圣人”，而学生的“教练和辅导者”。

（三）师生、生生之间的有效互动

由于教师和学生对课堂教学做了充分的准备，所以学生在课堂上的表现更为积极，或展示自己所学，或解答他人问题，或提出新的问题。师生之间的交流更为深入，也更为广泛。学生的体验更为丰富和深刻。翻转课堂将原先教师课堂上讲授的内容转移到课下，在不减少基本知识展示量的同时，增强了课堂中学生的交互性。该转变将大大提高学生对知识的理解程度。

（四）课堂教学多维目标达成

基于课前的学习，学生清楚地知道自己的问题和困惑，甚至有的学生通过课前的自学已经达到了课堂教学的目标。而在学习过程中遇到的问题，可以先和同学讨论，如果同学之间解决不了，教师可以进行单独辅导。而对于那些自学就可以达到教学目标的学生，在课堂上他们就可以有更多的机会发展高级思维，从事更具有探究性的项目学习。

（五）颠倒传统的教学过程

翻转课堂最大的特征是颠倒了传统的教学过程。传统的教学过程是先由教师在课中讲授知识，然后学生课下以完成作业的形式进行知识巩固。在传统教学过程中，知识传授过程发生在课上，知识内化过程发生在课下。而翻转课堂正好相反，课前，教师根据教学目标提供以教学视频为主的学习资源，供学生在家或在校观看，完成知识的学习，即知识讲授过程放在了课前；而在课堂上，学生就课前知识建构过程中产生的疑惑向教师或同学请教，教师给予学生针对性的指导，另外学生也可以小组讨论、协作学习等方式对知识进行深化提升，学以致用，即在课上完成知识的内化过程；课后学生则借助教师提供的学习资源进行反思和总结。总而言之，翻转课堂颠倒了传统的教学过程，重新定义了教学中各个过程的作用。

（六）创新的知识传授方式

翻转课堂教学资源最为重要的组成部分是短小精悍的教学视频。在翻转课堂教学模式中，教师课前提供以教学视频为主的学习资源让学生自学，完成知识的讲授过程。教学视频通常是针对某个特定的知识点或某个特定的主题的，视频时间保持在十几分钟。学生在观看的过程中可以暂停、回放，便于学生做笔记和思考，利于学生进行自学。学生课前观看教学视频没有时间的限制，氛围比较轻松，不必像在课堂上那样神经紧绷，担心遗漏教师讲授的知识点。用视频呈现知识点的另一个优点在于学生学习一段时间之后可以重新观看教学视频，从而达到复习巩固的目的。

根据以上分析可以看出，翻转课堂作为一种新型教学模式，实现了对传统教学模式的革新，更加符合新时代的要求，而且学生学习更具有自主性了，师生、生生之间的有效互动也更为广泛了。

四、翻转课堂的基本要素

翻转课堂的实施需要关注四个基本要素，分别是学习资源、教学活动、教学评价和支持环境。

（一）翻转课堂的学习资源

翻转课堂的有效实施需要丰富的学习资源支持，这个学习资源可以是学习任务单、微视频、电子课件、学习网站等。其中，微视频是翻转课堂最常用的学习资源，主要由各种教学视频短片构成，内容以知识点为单位，聚焦新知识讲解，在形式上强调碎片化，便于网络传播与学习。

翻转课堂的学习资源主要用于支持学生的课前自学。为了获得更好的自学效果，除了为学生提供微课资源，还可提供与其配套的课前学习单和电子课件。学生课前自主观看教学视频，完成学习任务单，完成知识的学习。学生只有课前完成了知识的学习并获得了内容，才能在课堂中更好地参与教师安排的教学活动，达到知识内化的目的，真正提高学生的学习效果。

（二）翻转课堂的教学活动

教学活动是翻转课堂教学的核心组成部分，翻转课堂的有效实施需要建立在设计良好的教学活动的基础之上。课堂教学活动涵盖了了解学生的疑问、重难点、练习巩固、课堂讨论、探究活动等多个方面，教师需要根据学科特点和学生实际情况设计合理的教学活动。精心设计的教学活动是有意义的深度学习的必备条件。

课堂活动对教师的教学能力和综合素质有较高要求。在设计教学活动之前，教师要清楚地了解学生对课前知识的掌握情况，在此基础上，教师针对学生自学时遇到的难点进行讲解，进一步巩固学生所学知识，并有针对性地对学生进行指导。

（三）翻转课堂的教学评价

翻转课堂的教学评价除了应用传统的课堂评价手段，还可以根据学生在网上观看视频的点击量进行分析和解释，从而评估学生的学业进展，预测学生的未来表现，并发现其潜在的问题。此次实施是将视频上传到学习群中，学生只需要下载一次就可以在课下长时间观看，因此学生观看视频次数仅以学生口头说明为准。教师利用翻转课堂网络环境收集大量学生学习过程中产生的数据，并利用分析技术对数据进行分析和解释，这样可以有效诊断学生的学习过程，评价学生的学习进展，进而评价学生的协作能力。

（四）翻转课堂的支持环境

翻转课堂的实施需要网络教学环境的支撑，翻转课堂的支撑环境主要由网络教学平台和学生学习终端组成。其中，网络教学平台要能够实现课前、课中互动，师生互动等功能，这是实现翻转课堂教学的基础环境；学习终端（电脑、手机）能够支持学生的微视频学习、网络交流、互动练习。翻转课堂的网络支持环境为师生提供了一个虚拟的学习空间，为师生开展与衔接各种课前、课中、课后活动提供基础。

第二节　大学物理翻转课堂的教学分析

为了使大学物理翻转课堂教学的实施更顺利、更优化，笔者以助教的身份与授课教师进行商讨，对教学对象、教学内容、教学策略、教学过程、教学评价分别进行分析。

一、教学对象分析

了解学生是教学设计的基础，学生的思维特点、知识基础、情感等因素是翻转课堂能否顺利实施的重要因素，因此首先应对教学对象进行分析。此次研究选取的实验班有三个，对照班有两个，实验班和对照班均由同一位教师进行教学。实验对象基本年满19周岁，这个年龄层次的学生具有下列特征。

思维特点：大一新生刚刚结束青春期，处于抽象逻辑思维占主导地位的阶段，属于青年初期。思维的主要特点是由经验型的抽象逻辑思维逐步向理论型的抽象逻辑思维转化，并促进辩证逻辑思维的初步发展。在青年初期，他们已经开始试图对经验材料进行理论的概括。

知识基础：大一新生刚刚经历过高考，多年的奋斗和拼搏总算有了一个满意的结果，高中时的辛劳换来了心理的慰藉，多年的理想变为现实。此时他们的知识储备是最充足的，授课教师一定要联系他们此时的知识储备，授课内容建立在其原有知识的基础上。

情感特点：大一新生与高中生相比，自我意识更强，总有一种自己已经长大、应该自立的成人感，不愿再受他人的支配，并且他们的自我管理能力也大大提升，能够合理安排自己的空闲时间。同时，他们对新事物有强烈的好奇心，表现出浓厚的学习兴趣。因此，大一学生完全可以在翻转课堂进行学习。但是授课教师应当制作有趣的富有吸引力的视频激发学生自学的兴趣，尽量做到语言形象、教具直观、实验多样，在课堂教学中创设生活情境、组织有挑战性的活动，通过比较、分析、综合、归纳、演绎等方法，逐步引导学生建立抽象的物理概念，发展思维，培养学生的科学素养。

二、教学内容及策略分析

（一）教学内容分析

教学内容分析是教学设计的重要环节。明确教材编排是否适合实施翻转课堂教学模式，对研究有很大影响。大学物理课程是教育部规定的高等院校理工类专业面向低年级大学生开设的一门重要必修基础课，涵盖力学、电磁学、光学、热学以及近代物理五个部分，每个部分都包含许多物理概念，其中的概念都比较烦琐抽象，需要学生花费大量的时间去学习、去理解。但是由于大学课时比较紧张，大学物理总授课时为98个课时。因此，在大学物理课堂中实施翻转课堂是非常有必要的，课前学生有充足的时间反复观看教学视频进行新知识的学习，在课堂上学生可以就自己存在的疑问进行提问，这样就可以解决传统课堂中教师由于时间限制不能充分授课的问题了。

本次实验选择的教材为由高等教育出版社出版、东南大学等七所工科院校编的《物理学》，实验时间从2016年3月到2016年10月，共进行16周。这个阶段的学习内容有13个单元。其中，重难点的确定主要依据《理工科类大学物理课程教学基本要求》，同时依据重难点来确定研讨题目，让学生通过对研讨题目的思考，能够掌握重难点内容。

（二）教学策略分析

本部分主要结合翻转课堂教学模式的理论基础、学生的学习现状，对翻转课堂的教学实施进行策略设计。

1.掌握学习教学策略

掌握学习教学策略是美国教育学家布鲁姆等人提出的，旨在将学习过程与学生的个别需要结合起来，从而让大多数学生掌握所学内容并达到预期教学目标。首先，掌握学习保持了班级群体教学形式，在群体教学的基础上进行个别化的、矫正性的帮助。在翻转课堂上，授课教师会将课前学生普遍存在的问题进行统一讲解，然后再对个别学生的问题给出个别指导，从而使绝大部分学生的问题得到解决。其次，掌握学习教学策略以目标达成为准则。只有95%以上的学生都达到单元教学目标，才能进入下一个单元。虽然在翻转课堂的实施过程中没有硬性要求必须95%的学生达到教学目标，但是在实施的过程中，课前教师会给学生足够的时间进行自学，提供充足的自学材料，从而保证学习困难的学生和能力较强的学生都能够在课前较好地习得知识。然后再通过课堂上教师的讲解以及个别化指导，就能够保证绝大多数的学生达到教学目标。最后，掌握学习教学策略将教学与评价紧密地联系起来，充分运用各种形式的评价，特别是形成性评价（在学习过程中的评价）。在本次翻转课堂教学实施过程中，任课教师也非常注重形成性评价。授课教师认为，大学物理翻转课堂的评价内容应该关注学生物理学习的每一个环节：是否认真观看视频，是否完成课前学习单，是否主动提出问题，是否能完成检测题，是否积极参与小组合作等。

2.支架式教学策略

支架式教学策略来源于苏联著名心理学家维果茨基的“最近发展区”理论。其指教师或其他助学者通过和学习者共同完成某项学习任务，为学习者提供某种外部支持，直到最后完全由学生独立完成任务为止。支架式教学策略主要由以下几个步骤组成：搭脚手架、进入情境、独立探索、协作学习、效果评价。

在翻转课堂中，教师先根据学生的知识基础以及教学目标制定课前学习单，这个过程相当于支架式教学策略中的搭建脚手架环节。然后授课教师录制学生课前使用的微视频，给学生营造一种问题情境，使学生进入学习的状态，这是支架式教学策略中的进入情境环节。紧接着进入独立探索阶段，学生看完视频后，完成教师在课前学习单上提出的问题。在自学过程中，如果学生产生了疑问，可以在学习群中和同学一起讨论，进而将问题解决。最后通过自主检测题对学生的学习效果进行检测。

3.协作式教学策略

协作式教学策略是一种既适合教师发挥主导作用，又适合学生自主发现、自主探究的教学策略。学习者在与同伴交流的过程中逐渐形成对新知识的理解和领悟。首先，在翻转课堂的教学过程中，授课教师根据学生的学习成绩以及性格特点，将学生进行分组，这样同学之间可以取长补短，也利于学生培养发散思维。其次，在协作式学习过程中，学习的主题要具有挑战性，问题要有可争论性。在翻转课堂实施过程中，学生讨论的问题主要是学生在课下自学过程中遇到的不能自主解决的问题，是一些典型的问题，有些也可能是教师指定的超前于学生智力发展水平的问题。最后，要重视教师的主导作用，协作学习的设计和学习过程都需要教师的组织和指导。同样，在大学物理翻转课堂中，也不要忽视教师的主导作用。在课上及课下，教师都要及时关注每位学生的表现，对学生表现出的积极因素要及时反馈和鼓励。当然，在学生讨论问题的过程中，如果其离题或纠缠于枝节问题时，教师要及时加以正确引导，将其引回正轨。

三、教学过程分析

本次实验根据大学物理学科特点和翻转课堂特点，在分析学生、教学内容、教学策略的基础上，注重实践性和操作性。首先，笔者阅读了大量关于翻转课堂教学模式的文献，将文献中的实施方法进行了总结，取其精华，去其糟粕，之后将汇总的资料发送给授课教师，在与授课教师进行商讨后，结合实施班级的现状，制定出适合本校大学物理翻转课堂的一般教学过程。整个过程分为课前、课中两个阶段。

（一）课前准备

要想真正发挥翻转课堂的优势，一定要让学生在课前预习。课前准备工作分三步走。

1.教师的任务一

在每次上课之前，授课教师要把本次课所需学习的内容以公告的形式发到群里，并且明确提出教学要求。公告内容包括课件、教材页码（使用教材为高等教育出版社出版的《物理学（第五版）》）、自测题、思考题、微视频。

2.学生的任务

其要求学生学习该部分内容，并且提问或出题。提问是针对该内容不明白的、不理解的地方提出问题。出题相对要求就比较高了，首先要把这部分内容搞懂，只有理解透彻才能出题，才能出好题。每个学生要把提问内容按照规定的格式以PPT的形式发到群文件中。其要求每个学生每星期至少提一个问题或者出一道题，而且不能与其他学生雷同，以时间先后为依据。

翻转课堂不仅应该体现在课堂教学活动中，而且应该延伸至课前和课后，强调学生之间的合作探究。对学有余力的学生，除了提问或出题，还应鼓励他们回答其他学生提出的问题，并且积极参与讨论。这是一个切实可行的办法，不仅能解决课时不足的问题，而且能更好地发挥同伴教学法的优势。

3.教师的任务二

教师在课前把所有学生提出的问题和出的习题进行分类，归纳总结，组织课堂教学活动，准备课件。在本次实验过程中，笔者以助教的身份做了这些工作。

（二）课堂教学

课堂教学是教学活动中最重要的部分。其要求教师抓住课堂有限的时间，利用学生提出的问题，有针对性地进行教学，从而提高教学质量。

首先，请一个学生讲解上一节课所学内容，主要是重点概念和定义，再请另外一名学生简要讲解这节课将要学习的内容。每次上课都会有2个学生在课堂上做汇报，每位学生的汇报时间控制在6～8分钟。如果学生超时了，授课教师会根据现实情况进行处理。学生介绍完后，教师及时点评，并且就本次课内容概括总结，强调重点、难点，帮助学生理清知识体系。

其次，在讲清楚知识点的基础上，让学生做自测试题。有些自测试题看上去很简单，却能有效地检测学生的学习情况，引发学生之间的讨论。教师可以根据学生的自学情况及时对课堂教学内容进行调整。

再次，对于学生提出来的有价值的问题，请大家一起讨论。这些问题中有一些是部分学生能够回答的问题。对于这些问题，教师可以请学生作答，之后自己补充、概括、总结即可。有些是大部分学生没有思考过的问题，对于这些问题，教师可以发动大家一起讨论，寻找答案。在教学过程中，如果有些问题是学生没有发现的、没能提出来的，而实际上必须注意的，或者理解起来可能有困难的，教师应该提出来供大家讨论。

最后，剩余时间留给学生做习题，从而巩固本节课所学知识。考虑到课堂时间有限，教师要认真挑选习题，挑一些有针对性的、质量比较好的题目。

四、教学评价分析

教学评价是教学工作的重要环节，对教师改进教学、促进学生发展有重要意义。在本实验开始之前，这门课采取传统的“三七”方式来计算学生的学期成绩，即将平时的作业和测试作为平时成绩记入成绩册，最后按“物理总分=平时成绩30%+期末测试70%”计算总分。这种评价方式过分关注对学习结果的评价，忽视对学习过程的评价；过分关注对学生知识掌握程度的评价，忽视对学生的学习态度、学习能力等的评价。翻转课堂作为一种新型教学模式，如果仍以这种传统的评价标准来衡量学生的学习，显然是不合适的。因此，教师有必要设计大学物理翻转课堂的教学评价模式，使评价更好地为教师改进教学和促进学生发展服务。

大学物理翻转课堂的评价内容应该关注学生物理学习的每一个环节；评价维度应该是全面的，学生的学习态度、学习兴趣、知识掌握、能力发展都应该在教学评价中体现。

第三节 大学物理翻转课堂的教学实施

一、课前知识传递阶段

（一）课前视频的制作

1.课前视频制作原则

制作翻转课堂教学视频时需要注意一些通用的原则，这些通用原则是直接影响学生是否喜爱教学视频、学生能从教学视频中学到哪些知识的关键性问题。只有掌握了这些原则和要点，才能制作出让教师满意、学生受益的教学视频，下面就这些原则和要点做一个简单的介绍。

（1）有动有静，节奏恰当。在教学视频中，教师怎样做才能吸引学生的注意力？第一，教师可以采用一些学生不是特别熟悉的形式，如插入动画、绿幕抠屏。第二，教学视频要避免单一，一些由游戏或问题改编而来的教学视频往往能取得非常好的效果。经研究发现，一些个性化的教学视频往往比演播室里的视频效果更好。第三，要使教学视频保持动态，就不要让画面和声音停顿太久。学生们往往喜欢画面由空到满的过程，因此可汗学院的边画边写要比PPT录屏更有吸引力。如果由于条件限制，必须采用PPT录屏的话，那么一定要让知识点一个一个出来，而不是一下子铺满整个屏幕，教师也可以在PPT中多做一些特效，让PPT看起来更生动。第四，学生在使用教学视频时可以随意地播放和暂停，所以教师的语速可以稍快一些。

学生主要在课余时间利用教学视频进行自主学习，所以教师录制视频时一定要尽可能地考虑到学生的学习节奏、学习时间和学习能力；同时，明确地给出学习的目标和顺序，让学生知道该怎么做，做哪些事情，并且知道自己通过这么做能够取得什么样的效果；也可将教学视频设置为必选、可选、推荐三个等级，以此满足不同学生的不同需求，为不同的学生提供帮助。

（2）思路清晰，讲解动听。教师在一节课中可能要准备很多教学视频，为了使学生更准确地构建知识框架，教师要在第一段教学视频中进行知识体系的讲解和知识点的梳理，让学生从一开始就可以对知识进行宏观把握，在每一段视频末尾可以针对教学中的重点、难点知识进行梳理和总结。

教师的讲解要尽可能地与真实场景相联系，深入浅出，掌握好教学视频的难易程度，以便于学生更好地理解知识点。教师可以将不容易理解的知识或者要求学生动手操作的题目留在课堂上讲解；讲解方式可以多样化，例如，用讲故事的方式讲知识，这样的方式不仅容易吸引学生，而且使其易于接受和理解。

（3）短小聚焦，目标明确。让教学视频的时间尽可能地短一些不是一件容易的事情，因为有些教师在教学过程中会滔滔不绝地讲解知识点。研究证明，如果教学视频的时间太长，那么学生的参与度就会下降。一般来说，10分钟左右的教学视频最为合适。但这并不是绝对的，针对不同的教学形式，时长，可以有不同程度的调整。针对高年级的学生，视频可以适当地长一点；但若单纯地采用PPT录屏，就要让视频短一些。

在制作视频时，还要减少冗余信息和干扰。在视频内容上，要讲解与课程密切相关的知识；在形式上，凡是在教学视频中出现的课件，一定要注意其字体、字号、行间距、颜色等，要突出重点信息，要让学生明确课程的目标。此外，还要注意教学视频不能过于花哨，以免将学生的注意力转移，这样做也可以减少视频的时长。

（4）设置问题，引发思考。在翻转课堂的教学视频中，教师尽量不要把每个问题都讲得太满，可以在视频中设置问题或埋下可以提出问题的点，这样可以引发学生的思考，学生如果对问题有疑问，可以在平台上交流。在教学视频末尾，也一定要给学生提出促进思考或复习的问题，而不是让学生觉得看完视频后就结束了。

众所周知，一对一的指导要比一对多的授课效果好得多，所以在录制教学视频的时候，教师应该尽可能地用“我们”而不是“同学们”，应该强迫自己把自己的眼睛从提词器转向摄像机的镜头，让学生始终感觉到教师就在看着自己，有一些眼神的交流，而且教师也要清楚学生在学习视频中所遇到的问题，并且给出合理的反馈。在提出问题时也要有适当的停顿时间来让学生思考，让学生觉得教师时刻都在自己身边。

（5）保证技术，提高质量。要想保证技术上的规范，就要注意画面的稳定和流畅，尽量不要使用清晰度过低的视频。还有一个很重要的问题是画面声音问题，经研究发现，一个合适的音量、一个安静的环境是保障学生有效学习的关键性因素，因此教师在录制视频时要找一个相对安静的地方，以此保证视频录制的效果。

2.课前视频制作步骤

翻转课堂的教学视频在制作和使用的流程上同样具有一定的规范。课前视频制作大概分为五步，这五步大致是分析、整理、制作、发布、反馈。

（1）分析。在这个阶段，主要分析的内容包括学习者的能力、所处的环境，以及学习者的学习时间，教师先要分析学习者，之后分析授课教师本身，教师本身有多少精力做视频，教师的多媒体素养是怎样的。最后综合这两方面的考虑，得出什么样的视频适合学生，学生也愿意看。

（2）整理。这个步骤主要包括两个阶段：首先是素材准备阶段。在这个阶段中，教师要把视频所有要用到的如图片、PPT、音频以及视频都要准备好，要切实地拿在手中，而不是在头脑中想一想。另外，当教师的素材都准备好之后，每位教师都要制作一份用来拍摄的脚本，在这个脚本中标注好每一段教学内容。每一段教学内容展现的教学形式又是什么样的，要用到什么配套的教学资源，要用多长时间等也应该标注好，这样教师在后期制作的时候会十分方便。总之，当教师制作完这个脚本之后，教学视频是个什么样子，整体上就能确定了，剩下的就是技术上的现实问题。

（3）制作。在制作方面，教师要主动去向制作原则靠拢，这样才能制作出比较优质的教学视频。同时，要记住教学视频最根本的不是技术，而是授课教师本身。教师要用自己的热情以及对教学的精心设计去感染学生、去带动学生、去引领学生的学习，这才是最主要的，而绝不是技术。

（4）发布。首先要考虑到教学视频的发放形式，也就是教师怎么把自己的教学视频发送给学生，有些教师会用学习网或者教学平台这样的工具，有的教师会选择一些网盘或网络储存，把资料传到网盘里供学生下载。除了要考虑到教学视频发放形式的问题，还要考虑到发放时间的问题，一般教师可以把视频提前2～3天发给学生，这样做一方面可以保证学生有时间看完，另一方面保证授课教师有时间接受反馈，同时学生也不至于把自己前一段时间学的知识忘记掉。除了教学视频发布的形式和时间的问题之外，教学视频最好不要单独发放，最好要配合课前的学习任务单，有了课前的学习任务单，再配合教学视频，学生就可以一条一条、一个一个地看视频，做到教学过程有章可循、有法可依。

（5）反馈。第一个反馈是学生观看视频的反馈，哪些视频看懂了，哪些视频没有看懂，哪些东西想深入了解……教师要了解这些情况，并且调节自己课上的活动设计。第二个反馈是教师要对表现比较好的学生进行奖励，建立激励制度。第三个反馈是教师要根据学生的建议，更改之后的教学视频的风格或技术，使视频录制的手段或风格更加完善。

3.视频制作案例

（1）分析。进行教学设计。根据对教材的分析，确定教学目标、重难点、学情和教学方法。具体内容如表7—1所示。

表 7-1　电磁学教学设计（第一节）

课　题	电磁学（第一、二、三节）
教学目标	掌握描述静电场的基本物理量——电场强度，理解电场强度 E 是矢量点函数；理解静电场的基本定理——高斯定理，明确认识静电场是有源场和保守场；掌握用点电荷的电场强度和叠加原理以及高斯定理求解带电系统电场强度的方法；了解电偶极子概念，能计算电偶极子在均匀电场中的受力和运动
重　点	电场强度矢量式的理解，以及相关电场的计算；高斯定理的理解及应用；电偶极子的相关计算
难　点	理解电场强度 E 是矢量点函数，及高斯定理的含义
学情分析	学生之前在高中已经学过电学的基本知识，掌握了电荷守恒定律，了解了静电场的基本概念，会求解匀强电场的电场强度，知道匀强电场的一些规律，但是对非匀强电场只会简单的定性分析，不会定量分析。知道电场是矢量，但是由于高中教学知识的局限，不会用矢量函数来表示电场强度，因此本节课重点是让学生在理解电场的矢量性的同时，会用矢量函数表示出来
教学方法	翻转课堂

（2）整理视频内容。根据对教材的分析，编制视频脚本（表7-2）。

表 7-2　教学内容分析

	内　容	画　面	时　间
片头	片头：同学们好，这节课我们开始学习电磁学的知识，主要内容包括三方面。 内容：库仑定律的含义；电场强度的计算；高斯定理的应用	PPT 1	30 秒以内

续 表

	内 容	画 面	时 间
正文讲解	第一模块（电荷守恒定律、库仑定律） 回顾电荷守恒定律，讲解电荷的发现，以及电荷间的相互作用规律，回顾高中所学的电荷守恒定律，以及密立根油滴实验。 由密立根油滴实验得出元电荷的概念后，教师讲解真空中点电荷的库仑定律，这些学生在高中都有所接触，可以略讲，接下来讲解静电力的叠加原理，即对于两个以上的点电荷，其中每一个点电荷所受的总的静电力等于其他点电荷分别单独存在时对该点电荷的作用力的矢量和。最后带领学生做例题，应用所学内容	PPT 2 ~ 15	5 分钟
	第二模块（电场强度） 1. 电场强度定义及特点：首先向学生讲解电场的发现过程，以及复习高中学过的电场的定义及特点。 2. 电场强度的求解方法：学习最简单的点电荷电场强度的求解，然后由电场强度的矢量性引入电场强度的叠加原理。为了让学生更深入地理解电场的叠加原理，可让学生计算电偶极子的电场强度。然后讲解连续分布电荷的电场求解方法，引入线密度、面密度、体密度的定义，以例题的方式，让学生用积分的形式求解带电直线、带电圆环、带电圆盘的电场的分布	PPT 16 ~ 35	5 分钟
	第三模块（电场强度通量、高斯定理） 1. 电场线定义：教师首先带领学生回顾高中学过的比较典型的电场线分布，如正负孤立点电荷电场线分布，以及正负点电荷相互作用的电场线分布，最后总结电场线的特点。 2. 电场线强度通量定义：首先给出电场线强度通量定义，其次带领学生求解匀强电场及非匀强电场的电场线强度通量，最后总结出电场线强度通量的特点，给出一道典型例题进行巩固。 3. 高斯定理：首先对高斯进行简单的介绍。然后带领学生分别求点电荷在所取闭合曲面内时的通量，以及点电荷在所取闭合曲面外时的通量，并让学生观察结果。然后求解点电荷系的通量及电场强度。之后教师进行总结，给出高斯定理的定义，对高斯定理进行讨论，告诉学生应用高斯定理的注意事项，最后是高斯定理的应用举例	PPT 36 ~ 59	6 分钟
结尾	回顾：这节课我们学习到这儿，请你们回顾今天的三方面内容：库仑定律的含义、电场强度的计算，以及高斯定理的应用，完成课前学习	PPT 60	30 秒以内

（3）制作视频。根据视频脚本，录制视频，在此过程中准备好录制需要的图片等相关材料。录制视频的详细过程在此不做赘述。

（4）发布和反馈。录制好之后，将视频发布到QQ群中，供大家观看。学生根据教学视频，以及课前学习单及其他的辅助性学习材料，完成知识的学习。学生学习问题的反馈将在课堂教学环节具体说明，这里不做赘述。

4.视频制作及播放问题

（1）视频过大导致软件崩溃问题。虽然将知识点分解后做成的视频时长只有15分钟，但是用Camtasia Studio制作的视频所占内存仍然很大，容易出现软件崩溃的现象。教师可以先用Camtasia Studio录制短小的视频，再将该视频用Edius软件与其他视频拼接成一个完整的视频。在将录制好的视频传到共享空间时，要将视频进行压缩这样便于学生下载。

（2）课堂形式直接复制到视频中的问题。笔者在实验中发现课前的视频授课方法与传统授课之间存在着明显的差异，不能以传统课上的录像代替课前的教学视频。两者的一个明显的差别就是传统课上师生之间可以交流，而在学生所用的课前视频中，师生是不可以直接交流的，这就需要教师转变传统的授课方式，使视频的内容更生动有趣，以此引起学生的兴趣。并且传统的课上教学是面对整个班级的学生，而课前视频的学习相当于一对一的授课形式，因此教师要注意一些语言上的技巧，如尽量使用“你”而不是“你们”，要向给学生进行个别辅导那样亲切自然。

（3）重点内容没有文字提示的问题。教学过程中涉及的重点、难点、公式、图标、注意事项、易错点等，应该增加文字或图片进行重点提示，以引起学习者的重视。但在教师制作的微视频中，开始只是单纯地使用PPT来录制，使得有些学生抓不到重点，因此教师在使用PPT的同时可以加入一些动画来辅助学生理解，引起学生的重视。

（二）课前学习单的设计

为了更好地配合学生进行视频学习，教师设计的以表单形式呈现的指导学生自学的方案，称之为课前学习单。

1.课前学习单的内容设计

课前学习单主要是交代本节课的学习内容及重难点，并针对教学内容和重难点提出学习建议，最后是学生要思考的问题、课前要完成的作业等。笔者根据课前学习单的内容，设计了如下模板（表7-3）。

表 7-3 课前学习单模板

名　称	内　容
学习内容	
学习课件	
相关测试	
自编学习辅导	
课前提问	

2.课前学习单设计原则

在制作课前学习单的过程中主要遵循以下原则。

（1）简洁性原则。制作课前学习单的目的主要是给学习者以指导，避免产生无序、随意和学习者不学等问题，使学习者少走弯路，实现有目的、有方法地学习。因此，教师在设计的过程中要做到内容简洁明了，使学生对所学内容一目了然，并且要让学生在最短的时间内了解本节课的重难点、学习方法等。

（2）导向性原则。在课前学习单的最后，教师将提出需要学生解答的问题，即将知识点及重难点等转化为一个个有内在逻辑关系的问题，使学生带着问题进行自主探究，这样原本无处着手的自学就变得既有迹可循又容易操作起来。随着一个个问题的解决，学生既能感受到成功的喜悦，又能大大增强学习的自信心。

（3）系统性原则。每个学习单元之间都存在彼此衔接的关系，每个学习单元都涵盖至少一节微课，每节课的课前学习单的模块都相同，因此每节课的课前学习单本身具有系统性。同时，每节课的课前学习单之间的内容也要注意衔接，教师在设计课前学习单时不要忘了知识本身的系统性。

二、课中知识内化吸收拓展阶段

学生通过微视频和课前学习单进行自学后，对本节课的知识点已经基本掌握。如果教师还像传统课堂一样把内容再讲一遍，那么课堂教学就是画蛇添足、毫无意义的了。真正意义上的翻转课堂的实施过程，是在教师充分信任学生的自学效果上，在课堂上将知识进行扩展和延伸，通过多种形式的学习活动来引导学生进一步内化知识和拓展能力，全面提高学科素养。

总之，翻转课堂能不能真正翻转成功，课堂实施部分非常重要。

三、实施中常见问题及解决方案

（一）课前实施常见问题及解决方案

1.课前实施常见问题

（1）学生预习的深度不够。在每次上课之前，教师将本次课所需要学习的内容以公告的形式发到群里后，学生应该按照教师的要求完成任务。但是学生并没有很好地完成教师的任务，比如，笔者通过学生提出的问题发现，在课件中已经明确解释的问题，学生还是会再次提问。再如，学生可能直接将PPT上的问题复制粘贴下来还会出现问题雷同的情况，这些都说明学生预习的并不深入。

（2）学生提问敷衍了事。在课前教师会要求学生学习该部分内容，并针对不明白、不理解的内容提出问题。笔者发现在实施翻转课堂的前几周，学生提出的问题较多，积极性较高，但是随着课程的深入，学生提出的问题不仅减少了，而且存在与其他学生雷同的现象。或者是为了得到一个较高的平时分，提出一些简单的、在课本上能够直接找到答案的问题。

（3）教学资源不能充分利用。教学资源包括课件、教材（使用的教材为《物理学》）、自测题、思考题、辅导题以及微视频。这些教学资源足够学生使用，里面既有学生预习可以用到的课件，又有学生复习可以用的辅导题。如果学生将这些资源有效地利用起来，一定能够达到教师的要求。但是笔者在实施翻转课堂的过程中发现，学生并不能将这些资源合理地利用。比如，从学生辅导题完成情况来看，主要存在两个问题，一是学生不能按时完成，二是辅导题完成的质量不佳，存在抄袭情况。

2.课前实施问题解决方案

（1）教师严格督促。本次实验所面对的学生是大一新生，他们刚刚经过高考，自学能力较差，对大学的学习方式还不适应，需要教师的严格督促。因此，要想改变学生应付、拖拉的情况，首先教师要严格督促，在适当的时间多提醒学生该干什么，使学生能够尽快地进入状态。

（2）制定奖惩措施。作为学生，最关心的就是成绩了，所以教师可以将学生的课前学习与平时成绩挂钩。比如，以学生提问的次数、辅导题完成情况给学生打分，就能够提高学生自学的积极性了。当然，这种做法要适度，因为在笔者实施的过程中发现，当平时成绩和提问次数挂钩时，学生就会存在提出一些没用的问题来骗取平时成绩的情况。

（3）变被动为主动。学生通过听讲、阅读、视听以及观看演示等比较被动的方式来学习，学习内容的平均保留率是较低的；而通过小组讨论、动手实践、教授给他人或者是运用所学知识解决问题等主动学习的方式，学习内容的平均保留率是比较高的。因此，为了让学生知识的保留率和学习的积极性提高，教师可以加强学生的课前互动，如学生可以宿舍为单位一起看视频，然后互相讨论，加强交流。同时，同学间要互帮互助，可以充当小老师的角色，为同学解答疑问。让学生变被动为主动，可提高学生知识的保留率。

（二）课堂实施中常见问题及解决方案

1.教师角色转换问题

长期以来，教师已经习惯了传统的授课方式，务必要在课堂上将知识讲清、讲透，充当课堂的主导者甚至是主宰者的角色。翻转课堂实施以后，教师以指导者和促进者的角色进行教学，而学生成为课堂的中心。教师对于这种角色转变很不习惯。笔者通过与授课教师沟通，得知教师总是不放心学生的自学效果，总觉得学生没有讲到位，不自觉地接过学生的话头又开始滔滔不绝地讲起来。这是翻转课堂实施时遇到的最大的问题。

为了尽快适应翻转课堂中的教师角色，授课教师也做了许多尝试。例如，阅读各种自学理论，改变自己以教师为中心的理念；自己给自己规定，一节课的讲授时间一定要控制在一定的时间之内；观看翻转课堂的优秀课，找到自己和别人的差距；给自己的课堂教学录像，课后通过观看录像反省自己的教学行为等。

2.学生合作参与问题

根据翻转课堂学习过程中平时成绩反馈情况来看，部分学生不愿意参与QQ群内的讨论，也不会积极主动地提出问题，这造成其平时成绩很低。部分学生由于性格或学习困难等原因，在合作学习中扮演听众的角色，若长期下去，思维、表达和交往能力都得不到锻炼。

要想改变这种情况，教师就要在班级里营造民主宽松的学习氛围，尊重、爱护每一个学生。当后进生展示的时候，不管学生的尝试是正确的还是错误的，教师都要积极鼓励，保护他们的自尊心和积极性。另外，“小组发言人”的角色应该轮流扮演，让每个学生都有上台展示的机会，经过一段时间的锻炼，“被逼展示”会慢慢变成“自愿展示”。

3.教师与学生沟通问题

笔者在实施翻转课堂教学时发现，许多学生在自学过程中存在不知道怎么向教师提出他们的疑问的情况。这和传统教学中重视知识掌握有关，长期不给学生质疑机会，学生的质疑能力长期得不到培养，就会逐渐弱化。因此，学生面对丰富的学习资源和学习过程不会质疑或者只能提出表层性的问题也就不足为奇了。

那么，如何培养学生的质疑能力，使之学会与教师沟通的技巧呢？教师要从鼓励学生大胆质疑开始，只要提出问题，不管问题有无价值，教师都要鼓励和表扬，以激发学生质疑的积极性。同时，在学生不主动的情况下，教师可以主动询问学生，让学生慢慢从被动地张开嘴到主动地质疑。

第四节 大学物理翻转课堂的实施效果

一、大学物理翻转课堂实施效果——教师反馈

为了更深入地了解翻转课堂的实施效果，笔者对授课教师进行了访谈，主要询问了以下几个问题。

问题1：对于你而言，这种教学模式的主要困难有哪些？

授课教师：“我认为主要包括两个方面：第一，课前微视频的制作，制作高质量的教学视频不仅要求任课教师有一定的信息技术素养，而且要求教师具备深厚的学科素养，并能够根据学生的特点以恰当的形式呈现出来。要想达到这些要求，我就要花费大量的时间和精力。第二，翻转课堂要比传统课堂教学更加难以控制和管理。在翻转课堂中，我们要以新的角色融入其中，从讲台上走下来，成为学生身边的指导者和促进者，就拿从我自身来说，角色转变有些困难，很容易就回到传统课堂教学中。”通过访谈发现，翻转课堂对教师软件操作能力和课堂控制能力有很高的要求。在软件操作方面，授课教师在进行翻转课堂之前，要先进行软件方面的培训。同时，还要求教师具有丰富的教学经历，能够处理学生在课堂上的突发状况。

问题2：实施一个学期之后，您觉得翻转课堂和传统课堂哪个更适合大学物理这门课程？

授课教师："翻转课堂这种教学模式是借助信息技术带来的便利条件，改善班级授课制背景下学生的个性化学习问题，提升课堂效率的有益尝试，并且它的优势和成效已经在不少学校的教学实践中有所体现。但是，我们不能因为这样而忽视传统课堂教学的优势。而且翻转课堂教学模式不是唯一的教学模式，它并不能解决教学中遇到的所有问题。在我看来，在今后的教学过程中，我们不应该将翻转课堂与传统课堂对立起来，而应该根据教学内容、学生学情、学校条件等情况决定采用哪一种教学模式。"根据授课教师的阐述，我们发现，在实施的过程中，一定不能将传统教学模式与翻转课堂教学模式对立起来，而是应该吸取两者的优点，将两者结合起来。

问题3：翻转课堂已经实施一个学期了，您觉得哪里需要继续改进？

授课教师："就我本身来说，我需要继续转变我的授课方式，更加贴近翻转课堂的要求，提高我的信息技术素养，并且多掌握一些制作微视频的方法。对学生的要求就是希望他们学习的自主性能够提高，能够按时完成教学任务。当然，我们也认为，对学生自主性的培养，本身就是教育，也是翻转课堂教学的重要任务。在学习平台和评价体系方面，随着翻转课堂的实施，我越来越注意到学习平台的重要性，一个好的学习平台不仅能方便教师查看学生的学习情况，而且能方便学生学习。传统的教学评价基本上单纯地依据纸笔测试，而翻转课堂要求更加注重学生的学习过程，本学期的评价方式虽然和传统的评价方式有了很大的不同，但还是有待改进的。比如，这种评价不能由教师一个人来完成，学生也应该参与进来。翻转课堂教学模式虽然仅仅实施了一个学期，但是这短短的一个学期就暴露出许多问题，这就说明在接下来的实施过程中，在视频制作、教学平台选择、评价体系等方面做出修改，来使翻转课堂更加符合我校的现实要求。"

二、大学物理翻转课堂实施效果——学生反馈

此次访谈在学生期末考试之后进行，因为此时学生对于本门课有了整体全面的认识。本次访谈选取了6名学生，3名男生、3名女生，学业成绩班内排名前十的有2名，成绩处于中游的有2名，学业成绩排名较后的有2名。然后对这6名学生进行编码，分别为B1、B2、B3、B4、B5、B6。

问题1：在这门课中，你课前是如何进行学习的？你都遇到了什么困难？

学生B1："我主要是自己先预习课本，大概课本上的知识能看懂70%左

右，然后有不懂的地方我再去看视频，将视频作为一种补充，还有不懂的问题的话，我就准备课上问老师了。”

学生B3：“我和B1的学习方法差不多，不过我发现课本上的知识比较浅显，虽然看懂了，但是吧，做题的时候还是不会，要是把课本和视频都看一遍又太费时间了。”

学生B5：“我和他俩不同，我是直接拿着课本看视频的，不过直接看我会跟不上，所以有些不懂的地方我可能看两遍或三遍，做题有不懂的还要翻书。这样做的结果就是虽然视频时长只有半个小时，但是我投入的时间已经有好几个小时了。”

学生B6：“在课前，老师给我们的资料太多了，我觉得看不过来，老师又将平时成绩与课前学习挂钩，不看又怕平时成绩太低。”

笔者通过访谈发现，学生们的课前学习方法大同小异，主要问题就是自学难度大，看视频又要看多遍，投入时间多。学习成绩比较好的学生会一步步去完成，自制力差的学生可能课前都不看。这导致学生课前学习情况参差不齐。同时，课前投入时间较长也会造成学生学习兴趣下降。

问题2：你们对课上学习有什么看法？遇到过什么困难？

学生B2：“我发现课前如果不按老师的要求学习的话，根本就追不上老师的思路，虽然老师会在开始让两位学生讲述一下这节课的重点知识。”

学生B3：“我也认同他的说法，刚开始，我感觉这种学习方法比较新奇，兴趣比较浓厚，课前就比较认真，感觉还跟得上，但是到了后面，学习任务重了，别的课任务也重，根本就投入不了那么多的时间，课上跟不上了，兴趣也就低了。”

学生B6：“我觉得课上还有一个问题，就是老师会让我们讨论课前我们提交的问题，在我们小组内每次发言的总是那几个同学，其他人都不怎么发言，看起来讨论得挺热烈的，但是可能是在聊天。还有就是老师会问我们还有什么疑问，这时我感觉大家的积极性都不怎么高，或者是羞于发言。”

学生B4：“还有就是课上讲解的时间主要取决我们课前的提问，我们提出的问题多，老师讲得就会多一点，我们提问得少，老师讲得就少了。但是我们提出的问题中包含的知识点并不全面，在今后的实施过程中，老师能不能多补充一点，不要仅仅讲解学生提出的问题。”

第八章 大学物理教学模式创新之智慧学习系统的构建

第一节 大学物理智慧学习系统的教学分析

移动学习技术和在线教育的蓬勃发展，给教与学带来了新的价值与使命，智慧学习作为学习方式的高端形态，对于变革教学模式，实现教育新范式起到了不可忽视的作用，在全球范围内的呼声也越来越高。构建信息技术支持下的智慧学习系统，最大限度地挖掘智慧学习的功能和应用，实现“智慧化”学习，是教育信息化发展的必然趋势。

一、智慧学习系统的教学分析

随着AR、VR、云计算、大数据等信息技术的不断涌现和高速发展，现代技术正逐步改变人们的思维方式、学习方式。伴随着“智慧地球”设想的提出，“智慧化”理念，如智慧城市、智慧医疗、智慧交通等，开始走进人们的视野。教育领域也掀起了“智慧教育”的浪潮。智慧教育是当代教育信息化的新发展，已受到国内外学者的极大关注。智慧教育的基石是智慧学习，智慧学习的目标是实现学习者个性化、智慧化发展，因材施教、个性化教与学是智慧学习的必由之路。智慧学习系统是智慧学习的技术平台，是开展智慧学习的信息化条件。

《大学物理》是高等院校理工科学生必修的重要基础课。由于物理知识大多抽象、难懂，学生基础差异过大，课程学时少、内容多等，大学物理课程教与学极不和谐，师生中常见“怨声载道”之现象。鉴于此，教师有必要对大学物理学习方式、教学方式做一些改进。

为了解理工科大学生学习大学物理课程的基本现状，为大学物理教学提供借鉴和参考，笔者进行了学习情况调查。该调查采用电子问卷的方式，调查对象为某大学2019级、2020级修读大学物理课程的理工科学生，涉及化学、计科、机械、电科、数学等不同专业，有一定的代表性。问卷由学习态度和兴趣、学习困难、学习方式、对大学物理的期望四个维度14个项目组成。问卷发放开始时间为3月13日，终止时间为4月11日，共回收327份调查问卷。

（一）学生的学习态度和兴趣

调查显示，大部分学生认为大学物理可以培养自身的逻辑思维能力和动手能力，且对今后的工作和生活有帮助，小部分学生认为大学物理对以后的生活和工作没什么作用，为应付考试而学习；绝大多数学生认为大学物理的课程内容和所学专业有关系，并且近一半的学生认为帮助很大。当涉及对大学物理课程的整体感觉时，排在第一位的是“只想对该课程有所了解，不想深入”（占比近一半），接下来分别是“对大学物理有兴趣并希望多学一些”（占比近一半）、“没兴趣，考试及格就行”（占比很小）、“学了没什么用处，但不得不学”（占比很小）。虽然大部分学生认可大学物理的重要性，但是接近一半的学生不想深入了解课程内容，这形成了一个矛盾。也就是说，学生对于物理课程的重要性是认可的，但是兴趣度不够。

（二）学习困难

对于大学物理的难度，近一半的学生认为基本能听懂，一小半学生处于半懂不懂状态，少部分学生认为很难，听不懂；对于影响学习的因素，学生主要反映内容枯燥，公式太多（一半以上），并且课时太多，应付不来（近一半），也有学生认为没有英语、计算机、专业课等重要（少部分）。调查结果显示，学习大学物理最大的障碍是课程的难度、节奏快（一半以上）。

（三）大学物理的学习方式

从学习方式来看，学生主要通过两种方式学习——课堂和网络。大部分学生目前学习物理的方式是“自学+听讲”，只有少部分学生借助一些现有的学习平台或资源进行学习；学生比较喜欢的物理学习方式是“多媒体+教师讲授”（一半以上），也有学生喜欢课前自主学习，课中讨论解决问题（少部分）；如果学习中遇到困难，大部分学生会借助网络，如QQ等，这样有利于快速解决问题。从教学手段和方法来看，目前出现了翻转课堂、MOOC、SPOC等教学方法，教学研究者需要结合具体学科运用合适的教学方法。

（四）学习大学物理的期望

关于学生对于大学物理课程的期望（此题为多项选择），绝大部分学生认为大学物理课程应该是有趣的，大部分学生认为该课程应与高新技术广泛联系，部分学生认为课程要多介绍日常生活应用，还有部分学生认为该课程要多动手操作。问卷最后一道题是开放题，了解学生对物理课程教学的建议、期望，学生回答主要集中在以下几个方面：①课程内容要增加一些趣味性，不局限于PPT；②多做实验，增强动手能力；③和生活实际联系起来，使理论知识更形象化；④在考核方式方面，增大平时成绩比例；⑤增大课时量；⑥提供预习材料，或者指定预习内容。开放题部分反映了学生对于课程教学方式、教学内容、考核等方面的建议，以及对该门课程的期待，其可为后续研究提供一些参考依据。

二、智慧学习系统的教学设计

（一）学习者特征分析

学习者特征分析是教学设计中的一个重要步骤，教学设计中的一切活动都是为了学习者的学。通过分析学习者，可以更加清晰地确定教学目标、学习内容、教学方法、教学媒体。苏联教育家苏霍姆林斯基曾说："没有也不可能有抽象的学生。"其意思就是学生都是活生生的具体的人，教师在教学中要考虑学生特征，因材施教。结合大学物理的学习内容，笔者将从以下三个方面分析学习者特征。

1.一般特征

其指对学习者学习有关学科内容产生影响的心理的和社会的特点，与具体学科无直接联系，但却影响着教学设计的各个环节，如学生的年龄、性别、智力、学习动机、生活经验等。对于大学物理学习者来说，年龄在20岁左右，处于皮亚杰认知发展理论的形式运算阶段，具有较高的思维抽象性和逻辑性，能进行假设和演绎推理。笔者重点分析了他们的学习动机。根据凯勒ARCS动机模型，影响学习动机的四个因素为注意力（attention）、相关性（relevance）、信心（confidence）和满意度（satisfaction），简称"ARCS"。

（1）注意力。唤醒并维持学生注意是激发学生学习动机的首要因素。因此，在设计、开发大学物理智慧学习系统时，教师要考虑学习者的“注意力”问题。要想激发学生的兴趣，需要教师熟悉教材，能挖掘出学生感兴趣的地方。研究发现，在学习过程中，学习者存在一条“注意力法则”，即学习者在40分钟的课堂上一直保持全神贯注不太容易，高度集中精力学习的时间一般只有10分钟，时间一长，注意力就会下降，学习效率就会降低。将物理学知识拆分为一个个小知识单元，在一定程度上可以维持学生的注意力。

（2）相关性。学生的注意被吸引后，他们可能会问为什么要学习这些内容，这些内容和他们有什么样的关系，这些问题涉及的就是相关性。智慧学习系统充当着“智能导师”的角色，要了解学生的需要，就要和生活相贴近。对于大学物理的学习者来说，相关性体现在职业发展、某种用途、个人兴趣和考试。关于职业发展和某种用途，就需要教学资源多和生活实践相契合；至于个人兴趣和考试，涉及学习者的先前知识。

有意义学习是奥苏贝尔的重要观点之一，强调新知识与学习者认知结构中已有的知识、观念能够建立起非人为的实质性联系，如此学习才有价值、有意义。进行有意义学习需要三个前提条件：具备逻辑意义的学习材料；具有有意义学习心理的学习者；学习者具备原有的适当观念来同化新知识。在进行教学设计时，只有认真考虑上述三个条件，才有可能进行有意义的学习。

（3）信心。信心对于激励学习的作用不言而喻。在学习中，系统应告知或引导学生明确学习目标和评价依据，让学生心中有数；设置多元的评价标准，给予学生鼓励，增强其学习自信心。

（4）满意度。教育心理学认为，学习的高动机的获得，依赖于学习者能否从学习经历中得到满足。如果学生在学习过程中获得了满足，就会更加愿意学习，并且对以后的学习能够产生期待。在学习系统的设计中，教师要考虑学生的特点，提供交流平台，及时查漏补缺，提供正向的鼓励和反馈，让学生学有所得，获得满足。

2.初始能力

初始能力一般指学生在开始学习某一特定的学科内容之前已具备的相关知识与技能的基础，包括对学习内容持有的认识和态度。初始能力分析包括以下几点：①预备技能的分析，学习者是否具备开始新知识学习时必备的知识与技能，这是开始学习新知识的基础；②目标技能分析，了解学生在开始学习之前是否已经掌握或部分掌握目标知识；③学习态度分析，了解学生对知识内容是否有兴趣、是否存在为难情绪或偏见等。确定学习者的知识基础一般采用“分类测定法”或“二叉树探索法”。在实际教学中，教师通常编制一套测试题，以判断学习者的知识能力。

3.学习风格与大学物理学习

在物理教学中，研究学生学习风格具有重要的意义。首先，可利用学习风格来改善学习的效果。物理学习材料通常有三种，分别是文字、语音、视频，学生是学习的主体，其学习偏好将通过学习风格来对物理学习过程产生影响。其次，可利用学习风格来选择适当的学习策略，以提高学生的学习水平。

（二）学习模式设计

学习模式指在相应的理论基础上，为达成一定的目标而构建的较稳定的学习活动结构。关于智慧学习模式，学者们已做了相关研究，郭晓珊等人基于智慧学习环境的分类和智慧学习的内涵、特征，设计出独立自主式学习模式、群组协作式学习模式、实践学习模式等，以此满足自主学习、协作学习、实践学习等不同学习需求。卞金金通过分解智慧课堂学习过程中的各要素，针对学习活动的特征，结合学习评价的需要，从课前、课中、课后三个环节着手，设计出基于智慧课堂的新型学习模式。本研究从物理学科内容以及“以学习者为中心”出发，设计基于微知识点的自组织学习模式，以期满足学习者个性化、智慧化发展需求。

学习者在开展学习活动前，应首先确认是否进入学习风格测试。选择学习风格测试即进入导引模式，系统收集测试数据，智能化推送合适的资源，学习者自主决定是否听从系统意见或自组织学习方案。智慧学习系统以每一章为单位，把物理知识点分解为一个个“节知识点”，“节知识点”下包含“目知识点”，“目知识点”构成知识树上的微节点，对每个微节点建构集文字、图片、动画、视频、漫画于一体的资源，学生可以利用移动终端，随时随地自主学习。同时，对每个学生的学习过程进行智能化跟踪记录、测试诊断、分析评价、反馈矫正，记录其学习成长轨迹，找到每个学生知识、思维、习惯各方面的优点、缺点、特点，便于学生随时了解学情，对症下药，选择正确的学习道路。

学习者可以根据自己的需求从系统里挑选学习资源，也可以选择系统智能分析之后推送的资源。如果推送的资源令人不满意，也可以重新自主选择。当然，教学资源需要有经验的教师基于知识点精心组织。学习路径的确定依赖于知识点之间的结构化关系，以及学习者的知识掌握情况。要想为学习者提供学习路线，系统要了解有哪些学习路径，哪种学习路径可以快速达成学习目标，这样可以避免不必要的环节，提高学习效率。学习是一个内化的过程，具有不可测量性，一般只能对学习结果进行测量，特别是在线学习，不能直接观察学习者的学习情况。对此，研究人员采用多种评价方式，试图通过数据，如学习时长、已学内容等来表征学习者的学习结果。在学习新知识前，首先对学习者进行诊断性评价，设计前测题目，判断学习者的知识基础和准备情况；其次在学习过程中，对每一个知识点设计相关循环测试题，答对方可进入下一知识点进行学习，同时了解学习者的知识掌握情况，即形成性评价；最后，每一章内容学习完毕，设计后测题目考核学习者学习情况，并且综合学习过程整体表现，将结果反馈给学习者，即总结性评价。

第二节　大学物理智慧学习系统的设计

一、整体设计

（一）系统需求分析

1.系统目标

其系统目标是在深入学习并深刻分析智慧学习系统的相关理论知识和技术的基础上，尝试设计开发一套智慧学习视角下的学习系统，对智慧学习系统的构建进行探索性的实践研究，并选择以大学物理课程为学科基础进行实践验证。具体而言，本节主要从理论和实践角度制定研究目标。

在理论上，通过研读文献，梳理智慧学习相关研究，从“教”与“学”的角度对大学物理课程的学科性质、课程内容、教学目标进行总结分析，探究影响大学物理学习风格的因素，构建学科知识模型、学习者特征模型，为后续构建大学物理智慧学习系统做好理论铺垫。

在实践上，完成学科知识库的构建，建立一个拥有基本网络课程功能的移动学习平台，同时在学习过程中能够分析学生学习物理课程时的学习风格，寻求学习者的学习偏好，提供自适应的学习资源，跟踪记录学习者的学习情况，包括学习时间、知识掌握情况。真正满足大学物理智慧化教学的理念，避免学生因自我知识缺陷认识不够，在选择学习资源时产生信息“迷航”现象，影响学生的自学学习效率。

2.功能需求

本系统有三种用户角色：学习者、管理员、教师。其中，学习者的主要功能为学习风格问卷调查、学习资源的获取和学习、查看学习情况以及讨论交流；教师的主要功能为查看学习者的学习风格、管理学习资源以及进行学习者评价等；管理员的主要功能为学生信息、权限、数据更新。

（二）系统特征分析

“以学习者为中心”的学习模式是智慧学习的主导模式。这就涉及“怎么学”的问题。智慧学习系统能实现以下功能：判断学生的学习风格和知识水平；根据学生自身的学习情况、学习路径，提供相应的学习资源，包括音视频、文档、动画、漫画以及个性化的习题；追踪学生的学习情况，最大限度地提高学生的知识水平。具有上述功能的学习系统应具有以下特征。

第一，根据学习风格量表判断学生的学习风格。

第二，向学习者提供合适的学习资源。

第三，追踪记录学生的学习情况。

（三）总体结构设计

根据之前的需求分析，将学习系统的总体结构分为五大模块：学习者特征库、学科知识库、学习资源库、诊断库、学习行为日记库。

1.学习者特征库

学习者特征库是整个学习系统的基础和前提，详细地描述了学习者的特征信息，包括基本信息、学习风格、知识水平。

（1）基本信息。该模块主要对学习者进行管理。学习者进入学习系统，首先需要进行登录，发送学号和密码到服务器端，服务器端和客户端进行学号和密码的校验。

验证的步骤如下：客户端先向服务器端发送登录请求，服务器端与客户端之间建立会话，客户端收到会话信息后，向服务器端发送学生账号信息，服务器端验证学号名和密码信息，后台数据库会通过查询信息来验证学生账号的正确性与否，账号正确，就会给学生端反馈登录成功信息，使客户端和服务器端连接成功。如果账号不正确，则登录不成功。

学生注册：学习者在注册页面填写必要的注册信息，之后提交即可。

学生登录：学习者用户进入登录页面后，输入账号信息后即可成功进入该系统，然后自主决定是否填写所罗门学习风格测试题。之后进入课程主页，开始学习。

找回密码：学习者登录后，若忘记密码，在找回密码页面输入相关信息后就能得到密码。

修改密码：学习者登录后，在修改密码页面先输入原密码，再输入新密码，即可修改密码。

（2）学习风格。学习风格已在前文有过详细介绍，此处不再赘述。学习风格主要描述学生学习新知识时习惯使用的学习策略与学习倾向，在“以人为本”教育理念下，关注学生学习风格，用一套科学严谨的理论去指导和帮助学生，使师生的教与学得到良好的配合，就能在教学中真正做到以生为本。

（3）知识水平。其描述学习者对知识点的掌握情况。

2.学科知识库

系统的建构依赖一定的领域知识，需要对课程内容整理设计，包括对知识内容的分析、知识结构的梳理，以建立相关的领域模型。

3.学习资源库

（1）资源管理。学习者在客户端所访问的课程信息、在线视频信息及相关资料，都属于存储在数据库中的学习资源数据。在个性化的学习环境下，知识点的表现形式可以是多种多样的，能够适应不同的教学策略和学习者。学习资源由若干个知识单元组成，每一个知识单位都包含文本、音视频、动画等资源。资源模块主要实现对资源的管理，包括对资源的添加、查询、修改和删除，以及根据学习者学习风格向学习者推荐学习资源。

（2）资源推荐。学习资源的推送即学习内容的动态组织。在本研究中，学习内容的组织依据对学生学习风格的测试分析结果。系统根据学生学习风格分析结果呈现不同的学习资源。

4.诊断库

在本学习系统中，进行教学诊断时采用测试的方法，并以问题库为基础，包括章前测试、节测试、章后测试。教学诊断是实施智慧学习的基础，伴随着整个学习过程，所以要经常对学习者进行测试。每一节结束后会有相应测试，每一个章结束也有测试。每一个知识点至少有两道题目，用于该小知识点学习完后进行测试。章节测试为一套题，至少有20道题目。学习反馈包括自我评价和系统评价两部分。学习者可以根据自己的学习表现，在讨论区交流学习进展，还可以根据系统提供的测试结果进行自我反思。

5.学习行为日记库

其统计学生的姓名、学号、访问资源的类型、访问资源的名称、学习时间分配等，分析学生学习情况，进而为学生提供在线学习反馈，使学生了解自己的学习情况，对自己的学习策略进行适当的调整。当然，这些统计也可以方便后台对学习资源进行适当的调整和补充。

（四）系统学习流程设计

系统的核心就是学习模块设计，也可以叫作智慧化学习支持，主要给学生用户提供学习支持。首先在收集和分析学习者的注册信息和学习风格信息的基础上，根据学习者测评结果，给学生分配相应的学习资源，提供个性化的学习支持，并记录学习过程和学习内容，在系统中扮演着智能导师的角色。在学习者完成学习的过程中，学习系统会根据学习者遇到的未知的知识以及其他困难，结合学习者的学习风格，有针对性地选择相关的资源，对学习者提供帮助。在学习流程环节，系统可提供两条学习路线：学习者可以根据自己当前所需，明确学习目标，制订学习计划，从资源超市中手动精心挑选学习资源；也可以依赖系统，针对学习者提交的学习风格测试题进行智能分析，帮助学习者快速、准确地获取所需资源。

二、学科领域知识库建模

目前关于智慧学习的研究无不提倡灵活开展学习活动、按需获取学习资源，这也体现了建立庞大资源库、知识库的必要性。智慧学习系统依赖网络技术，整合各类学习资源，针对不同的学生，动态了解学生状况，以达到最佳学习效果。实现系统功能的一个重要前提是知识库的构建。知识库由领域内知识点及其相互关系构成，被系统其他模块调用。构建一个完备的知识库十分关键，与系统的学习功能能否充分实现息息相关。

（一）知识库的内涵

知识库是基于数据库和人工智能的高级产物，虽然数据库可以处理大量数据，但是在知识表征方面有些欠缺，而人工智能虽不能高效检索，但是可以实现基于规则的知识推理。因而，知识库就是将两者结合起来，以一致的形式存储知识，集知识表达、数据检索于一体。知识库的建构需要收集大量的领域知识，并用相关的信息技术将收集的知识用计算机来表达、存储和管理，使知识符号化，成为计算机能够识别的符号，因此知识库中的知识是高度结构化的符号数据。建立知识库的前提是具有学科知识内容的专家级水平，明了知识点之间的结构关系。

（二）本体理论与知识库构建

自20世纪80年代万维网（World Wide Web）诞生以来，其经历了基于HTML网页的Web1.0时代，以注重用户参与、相互交互为特点的Web2.0时代，以及以实现资源共享为目的的Web3.0（即语义网）时代。随着技术的发展，Web的开放程度似乎越来越大，个性化和多元化需求也更加明显。语义网（SemanticWeb）是由万维网联盟的蒂姆·伯纳斯-李（TimBerners-Lee）在1998年提出的一个概念。它是一种智能网络，目的是在计算机和人能理解的语义之间建立一种联系，实现Web信息的自动处理，适应资源的快速增长，对网上的各种资源进行“思考”和“推断”，实现数据间的关联和共用，使人与电脑之间的交流变得更“人性化”，最终实现智能化网络的应用目标。在结构上，语义网大体由元数据、资源描述框架和本体等几部分组成，核心是通过给互联网上的文档添加元数据，实现数据间的语义通信。元数据，即描述数据的数据，具有语义共享性；资源描述框架用于描述网络资源，提供一种主（subject）、谓（property）、宾（object）三元组形式的数据存储结构；本体提供概念、概念关系以及概念属性的定义，为语义网的语义推理提供基础。本体源于哲学里的一个概念分支，“系统地描述世界上的客观存在物，即存在论”，后被引入计算机科学领域。关于本体的新意义，较被认可的是斯图德（Studer）等人提出的“本体是共享概念模型的明确的形式化的规范说明”。

目前在医学、电子类等多个领域已进行了基于本体的语义网构建方法研究和实践，这在一定程度上为检索提供了本体语义资源基础，有关教育本体方面的实践也取得了一定成效。但具体到学科领域的本体研究比较少，而且往往选择某一简单本体进行建构，例如，刘春雷在《基于本体的教育领域学科知识建模方法研究》中构建了关于“元认知”主题的知识本体。这也表明了在学科本体领域的研究有待继续深入。借助本体中的概念与概念间的关系，人们可以直观地表示出知识点间的相互联系。将知识点及其关系用图视化的方式表示出来，并以此作为课程结构导航，一方面学习者可对课程知识一目了然，另一方面也有助于学习者构建知识结构，最终达到高效学习的目的。本体在智慧学习系统开发中，不仅是学科知识库中重要的知识组织和建模方法，而且对于整个学科知识、学习资源及其相互间的本质关系等内容的构建也是至关重要的。任何一门学科都可以划分成不同层次的知识点，以这些知识点为中心组织各种学习资源，并建立知识点之间的关系，构建整个学习流程，可以较好地利用学习资源，将知识点灵活地组合成适应每个学习者需求的模块，满足个性化学习需求。尽管本体在教育领域的应用研究处于发展阶段，但现有的研究成果已经为人们提供了一些方法、经验和思路。不难想象，随着数据挖掘、机器学习等人工智能技术的不断推进，本体在教育中的应用会更有前景。

第三节　大学物理智慧学习系统的构建

为促使智慧学习发挥其优化学科知识架构、统筹规划教学资源、探索学生差异性等现实价值，人们在教育大数据背景下构建智慧学习系统模型时要严格遵循科学合理、稳定可靠、简便明了等原则性要求，具体可从框架规划、开发测试、规范搭建以及教学需求四方面实现系统模型构建，从而保障系统模型科学有效、功能齐全，并能准确地达到智慧学习目标。

一、合理规划系统模型框架，保障智慧学习功能齐全

规划工作是一切活动开展的重要前提，科学合理的规划设计能够保障工作有序进行。在教育大数据背景下，高校在构建智慧学习系统时，首要完成的工作应当是规划系统模型框架，确保智慧学习系统体系完整、功能齐全。具体而言，在进行系统模型构建时要确保总体框架的完整性，主要包含网络层、应用层、物理层、用户层、逻辑层、虚拟资源层以及展现层等几方面，确保各层架构发挥自身功能。其中，网络层主要实现网络连接功能；应用层是为教师、学生等群体提供智慧学习应用服务；逻辑层是智慧学习系统的核心层，承担着资源管理与功能服务的重任；物理层是实现计算机等硬件设备的连接，此外为充分发挥教育大数据资源价值，系统模型框架可以在物理层融入Hadoop平台，进

行大数据挖掘与处理等工作；虚拟资源层位于物理层与逻辑层之间，主要由网络资源池、存储资源池、数据资源池、计算资源池等几部分组成，是保障系统资源的关键；用户层是为系统使用者提供接入平台；展现层位于应用层上，是将智慧学习系统可视化的关键，能够为用户提供各种展示端口，唯有实现上述各框架功能，才能保障智慧学习系统功能齐全。

二、有序安排平台开发测试，确保系统模型科学合理

有序安排平台开发测试是实现系统功能的重要保障，能够确保智慧学习系统在付诸实践时科学有效。因此，在教育大数据背景下进行智慧学习系统模型构建时，高校要有序安排平台开发测试工作，从而保障各项功能的科学性与有效性。第一，要明确系统模型的构建开发任务。智慧学习系统模型功能的实现均是基于教育大数据的挖掘与共享，因此高校在进行开发工作时，要注重引进大数据专业人才，通过发挥其数据梳理及编程技能，使系统模型构建时的教育数据资源能够得到有效的利用。此外，在开发系统时要采用多层次的运作模式实现不同功能，而各种功能在运用过程中会被反复操作，这就要求开发者使用组件来实现模块的重复调用。第二，必须进行系统模型测试工作。测试是在系统模型完成初步设计与开发后的必要环节，是在智慧学习平台正式面向师生用户前的准备工作。通过对不同模块的测试，能够发现系统模型设计是否能够提供全面的智慧学习服务，是否具有稳定可靠的运行能力，是否有影响平台运行的错误或缺点等。因而，高校在构建系统模型时唯有经过反复测试，才能使智慧学习平台的性能达到最优。

三、明确系统构建标准规范，规避模型搭建原则错误

标准是规范模型构建框架的关键。在教育大数据背景下，数据的内在价值会被无限放大，唯有明确智慧学习系统模型构建标准及规范，才能使系统运行遵循原则要求，达到预期目标。一方面，高校要在用户需求权限方面设定标准规范。智慧学习是一项面向高校全体师生的新项目，会涉及数量巨大的用户群体，也会产生海量的信息数据，明确的权限规范是保障系统模型安全可靠的根本。校园网络是高校组建的内网，具有较强的网络安全保障，当师生通过校园网进行智慧学习系统操作时，可以给予其较高的权限，如可以进行数据获取与导入等系统操作工作。而当用户通过外网等安全系数较低的网络进行智慧学习操作时，系统应当将权限降低，避免黑客或病毒通过网络入侵智慧学习系统。

另一方面，高校要在服务优化方面提出标准规范。智慧学习系统主要面向广大师生群体。因此，在进行系统模型服务功能优化时，高校要以师生便捷性与功能有效性为目标，设定相关的标准规范，避免系统模型开发出无实际用途的功能。

四、考察高校师生教育需求，明确学习系统开发目标

明确开发目标能够促使系统模型构建更加有效，各项工作更有针对性地开展，从而减少诸多不必要的麻烦。智慧学习系统的主体虽是学生群体，但其仍需面向教师队伍。因此，在教育大数据背景下，高校在构建智慧学习系统模型时需要深度考察师生双方的教育需求，从而明确学习系统的开发目标。从学生角度着手，高校应当探索学生对智慧学习的需求，明确智慧学习系统要能够实现准确认知学生自身学习特征及学科偏好的开发目标，从而为学生提供智慧学习内容，并指引学习方向。因此，智慧学习系统模型构建应当具有依托教育大数据分析的功能、基于项目反应理论的知识水平诊断功能、根据智能算法得出的学习路径推荐功能以及学习成果分析功能等。而从教师角度着手，教师是智慧学习的辅助者，要帮助学生养成良好学习习惯，提升学习成果。高校应为教师群体提供明确的导学辅助系统，促使其优化教育措施与导学方案。此外，还需从师生关系角度着手，师生之间有效的互动交流是保障教育引导发挥功能的根本，高校要以需求为基础，明确组建师生互动平台的目标，从而有效引导智慧学习系统模型的构建。

参考文献

[1] 籍延坤.大学物理教学研究[M].北京：中国铁道出版社，2013.

[2] 周群.大学物理创新设计实验[M].西安：西安电子科技大学出版社，2016.

[3] 王培龙.物理教学与课程改革[M].北京：光明日报出版社，2016.

[4] 牟兰娟.大学物理教学改革与发展[M].长春：吉林大学出版社，2016.

[5] 庾名槐，陈文钦.大学物理混合式教学指导[M].长沙：湖南大学出版社，2019.

[6] 叶根.大学物理教学与课堂教学设计[M].长春：吉林科学技术出版社，2019.

[7] 卢树华，田方，王丽辉.大学物理教学信息化探讨与实践[J].大学物理，2019，38（1）：47-52.

[8] 张萍，DING Lin，张静.传统大学物理教学的困境及成因分析[J].物理与工程，2019，29（1）：25-30.

[9] 张睿，王祖源，顾牡，等."互联网+"环境下大学物理教学改革历程与趋势[J].中国大学教学，2019（2）：64-67.

[10] 李淑侠，李妍，刘晓艳."互联网+"背景下的大学物理教学研究[J].黑龙江科学，2019，10（9）：40-41.

[11] 宁长春，次仁尼玛，陈天禄，等.关于提升大学物理教学质量的一些思考[J].大学物理，2019，38（7）：43-51.

[12] 郭袁俊，于景侠，霍中生，等.大学物理实验与理论融合教学的探索[J].实验室研究与探索，2019，38（7）：188-190.

[13] 于秀玲，樊娟娟，尤明慧，等."互联网+大学物理"教学模式探索研究[J].教育现代化，2019，6（85）：274-275.

[14] 张凤琴，林晓珑，王逍.创新人才培养下的大学物理实验教学改革研究[J].大学物理，2017，36（3）：36-39.

[15] 次仁尼玛，宁长春，陈天禄，等.构建大学物理教学团队，促进大学物理教学[J].大学物理，2017，36（6）：61-65.

[16] 姜贵文，郭俊萍，刘保华，等."新工科"背景下大学物理教学现状及改革措施[J].上饶师范学院学报，2020，40（6）：20-23.
[17] 卓嘎.翻转课堂教学模式在大学物理教学中的应用？[J].广西物理，2020，41（4）：73-75.
[18] 王晓鸥，张伶莉，袁承勋，等.新工科背景下的大学物理课程建设与实践[J].大学物理，2021，40（4）：45-49.
[19] 朱卫利，安秀云，孙瑞瑞.新形势下大学物理教学现状的调查分析及教改探讨[J].科技风，2021（10）：46-48.
[20] 尹伟，秦彦军，李萍.大学物理及实验课程思政教学改革与实践[J].科技资讯，2021，19（2）：128-130.
[21] 夏齐萍，张慧慧.面向应用型人才培养的大学物理混合式学习模式创新[J].廊坊师范学院学报（自然科学版），2021，21（2）：125-128.
[22] 蒋登辉.在大学物理教学中进行逻辑思维训练的教学探讨[J].教育教学论坛，2021（21）：153-156.
[23] 侯志青，刘东州.大学物理实验线上线下混合式教学改革与实践[J].产业与科技论坛，2021，20（18）：102-103.
[24] 黄伟，王英.新时代大学物理教学模式的研究与实践[J].物理与工程，2021，31（S1）：45-48.
[25] 笪诚.对新工科背景下大学物理教学内容改革的思考与探索[J].中国多媒体与网络教学学报（上旬刊），2021（8）：61-63.
[26] 李永涛，张红光，陈伟，等.大学物理实验课程创新教学改革与实践[J].大学物理实验，2021，34（5）：122-124+138.
[27] 张科智，陈艳，王帅，等.理工科《大学物理》有效教学探究[J].河西学院学报，2021，37（5）：90-97.
[28] 包秀丽，刘国华.大学物理教学改革的策略[J].教育评论，2013（3）：117-119.
[29] 孙秋华，姜海丽，赵言诚，等.多元化教学模式在大学物理教学中的探索与实践[J].物理与工程，2013，23（3）：51-53.
[30] 郭亮，刘建强.应用型地方高校大学物理教学的改革与实践研究[J].喀什大学学报，2019，40（6）：97-100.
[31] 董梅峰，宋新祥，刘冰."新工科"背景下大学物理"金课"设计方案探索

与实践[J].黑龙江教育（理论与实践），2020（4）：3-6.

[32] 魏小平."翻转课堂+对分课堂"教学模式在大学物理教学中的构建[J].西部素质教育，2020，6（9）：108-110.

[33] 熊辉，黄凡，李健，等.应用型高校"大学物理"课程教学改革探讨[J].湖北理工学院学报，2020，36（2）：68-72.

[34] 康四林.应用型本科院校大学物理教学改革实践[J].科技与创新，2020（15）：98-100.

[35] 袁好，潘国柱，刘向远.应用型人才培养模式下大学物理教学改革探索[J].科教文汇（上旬刊），2020（10）：80-82.

[36] 刘力文.微信支持下大学物理翻转课堂的研究与实践[D].苏州：苏州大学，2016.

[37] 解志秀.大学物理教学中同伴教学法策略的研究[D].扬州：扬州大学，2016.

[38] 舒峥.基于建模的大学物理实验微课的教学实践研究[D].上海：华东师范大学，2018.

[39] 彭婷.新高考下物理学科面临的困境及大学物理课程的应对分析[D].武汉：华中师范大学，2018.

[40] 徐峰.新时期中国大学物理教育发展史的研究[D].哈尔滨：哈尔滨工业大学，2014.

[41] 叶吉丽.大学物理实验教学中培养学生创造性思维的探讨[D].南宁：广西大学，2014.

[42] 姜蓉.大学物理实验网络辅助教学平台的探究与实践[D].长沙：湖南大学，2014.

[43] 刘晶.大学物理实验课程学生学习现状调查研究[D].上海：上海师范大学，2017.

[44] 袁琳.混合式学习理念下的大学物理演示实验慕课设计的研究[D].长春：吉林大学，2017.

[45] 李成丰.物理课堂教学的师生行为研究[D].武汉：华中师范大学，2017.

[46] 张春玲.基于物理规律探索的大学物理实验教学方法初探[D].武汉：华中师范大学，2014.

[47] 孙旭贵.工科大学物理教育现状研究[D].合肥：合肥工业大学，2015.

[48] 谈颖.同伴教学法在大学物理教学中的应用研究[D].扬州：扬州大学，2015.

[49] 段炼.大学物理混合式学习效果影响因素研究[D].荆州：长江大学，2019.
[50] 任倩倩.大学物理微课的设计与实现[D].长沙：湖南大学，2017.